目でみる数字

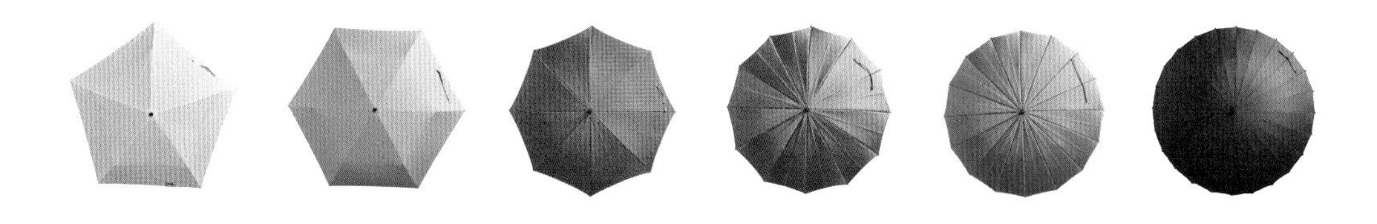

岡部敬史・文　山出高士・写真

東京書籍

ある日ふと「ハリセンボンって本当に針千本？」と思ったのです。そう思うと「千手観音像の手は本当に千本？」とか「一寸法師の一寸てどのくらい？」など、数に関する素朴な疑問がどんどん湧き上がってきます。

この本は、こんな数に関する疑問や不思議を写真に撮ってみたら面白いのでは——という発想からスタートしました。

本書で取り上げた「目でみる数字」は、ひとつの題材を4ページで構成し、それが35項目収録されています。前半2ページには数字とその題材の写真を、そしてめくった後半2ページには、その数字の解説と関連情報を記しています。

本書は3章に分かれています。Part 1「かぞえる数字」では、物や風景などの視覚的に見える数を題材にしています。Part 2「はかる数字」では、長さや高さに関する数を題材に、Part 3「しらべる数字」では、時間や物質の変化、比率や重さなど、パッと見ても数値がわからない題材を取り上げています。前から順に読む必要はありませんので、パラパラとめくって気になったところからご覧ください。

文は岡部敬史が担当し、写真は山出高士が担当しました。なお、題材とそれにまつわる数の解説には、本書で紹介している説以外にも様々な説が存在しているケースがあります。しかし、そのすべてに触れていては本書の性格も変わってしまいますので、著者の判断によって取捨選択して紹介している場合があることをお断りしておきます。

本書には、企画が始動した当初には思い浮かばなかった様々な題材——尺八や注射針、横断歩道や野菜の浮き沈みやコロナウイルスの大きさなど——も収録しています。このように本書で扱ったテーマは算数の分野を大きく飛び越え、国語、理科、社会、あらゆる領域に及びます。数に苦手意識がある方にも気楽に楽しんでもらえることを願っています。

——岡部敬史

Part 1　かぞえる数字

▶ Part 2

はかる数字

Part 3
しらべる数字

数字コラム

デザイン／サトウミユキ（keekuu design labo） 表紙&本文写真／山出高士

ITTF
Nittaku
PREMIUM
40+
MADE IN JAPAN

Part

かぞえる数字

350本

ハリセンボンの針の数は「350本」

危険を察知すると「針」の付いた体を膨らませて威嚇することから、その名がついたとされる「ハリセンボン」。ただ1000本も「針」があるわけではなく、通常は350本から400本くらい、多くてもその数は500本ほどだという。なおハリセンボンは英語で「porcupine-fish」（ポーキュパイン・フィッシュ）というが、この「porcupine」とは、体の背中などが鋭い針で覆われた「ヤマアラシ」のこと。つまり英語でハリセンボンは「ヤマアラシ魚」なのである。

サンゴが似合う魚が豊富な「NATURAL」

撮影にご協力いただいたのは東京都豊島区にある海水魚専門店「NATURAL」。美しいサンゴの販売も行っており、カクレクマノミなど、サンゴが似合う魚が豊富に揃っています。お店の詳細はホームページをご覧ください（https://www.natyu.ne.jp/）。

千本

千手観音像の手の数は「千本」

写真の「十一面千手千眼観世音菩薩立像」は、頭上に11の顔を持ち、手の数は左右500ずつの1000本ある。そして「戟」や「錫杖」といった持ち物を持っていない手には、墨で目が印されている。この姿はすべての人々の苦しみをその目で見て、その手で救おうとするものだという。なお、このように実際に1000本の手を持っている千手観音像は少なく、多くは合掌している２本の手を除くと40手となる。その40の手が、それぞれ25の功徳を持つとされ「40 × 25」で1000ということになる。

三大名作に数えられる千手観音像が本尊「開運山　壽寶寺」

撮影にご協力いただいたのは京都府京田辺市にある「開運山　壽寶寺」。704年（慶雲元年）に創建したと伝えられる同寺は、重なる木津川の洪水の影響で、1732年（享保17年）に現在地に移転し、明治の初めに近隣の寺を合併して今に至る。本尊である「十一面千手千眼観世音菩薩立像」は大阪府藤井寺市の葛井寺と、奈良県奈良市の唐招提寺の千手観音像とともに「三大名作」とされている。平安時代に作られたという大変貴重な観音様で、その造形の細かさに驚きました。

1500冊

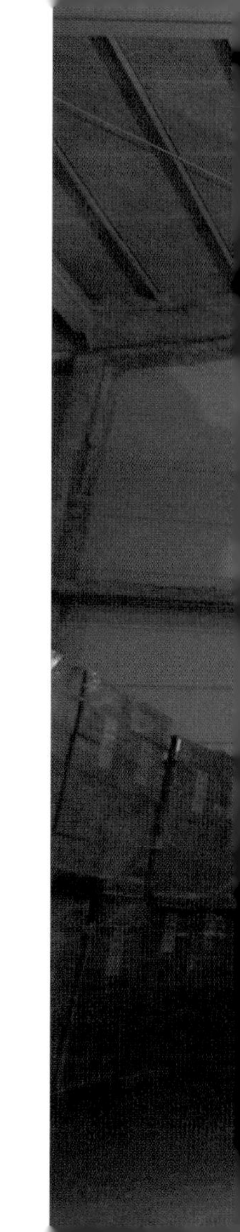

自分のこころと
うまく付き合う
方法
TOYOTA

「1500冊の本」の重さは 450kg

新刊が「10万部突破！」など、何かと耳にする機会が多い本に関する数字。果たして、実際に大量の部数を見るとどれくらいの大きさなのか——と思い、多くの本を取り扱う流通倉庫に行ってみた。今回、撮影したのは『自分のこころとうまく付き合う方法』（東京書籍・刊）という272ページ、四六判の本。写真のフォークリフトに乗っているもので1500冊（+上の1冊）となる。「10万部」「100万部」と口にするのはたやすいが、実際にその量となると、1500冊でもこれほどのスケールとなる。重さは1冊300gのため、1500冊で450kgにもなる。なお四六版という名前は、効率よく本を作るために大元となる紙を32面に断裁するとほぼ横が四寸（127mm）縦が六寸（188mm）になることに由来している。

丁寧に本を運び管理する「丸喜運輸」

撮影にご協力いただいたのは印刷会社のリーブルテックと埼玉県川口市にある株式会社丸喜運輸。丸喜運輸は主に本や教科書などの紙製品を取り扱う物流倉庫で「本は崩れやすいのでトラックの運転はとても慎重に行っています」とは、社長の和地さんのお話。1700坪という広大な倉庫の中に多様な本が積まれ、そこをフォークリフトがすいすいと動く様子は見ていて壮観でした。我々の『目でみることば』シリーズも、いつも運んでくださっているとのこと。これからもよろしくお願いします。

一丁
一丁

一丁
一丁

豆腐は形や大きさに関係なくみんな「一丁」

豆腐は「一丁、二丁……」と数えるが、その形や大きさに決まりはない。つまりどんなに大きかろうが、どんなに小さかろうが、同じ「一丁」と数えるわけだ。前ページ写真の豆腐は左から、東京都、京都府、高知県、沖縄県の豆腐だが、ご覧のように形も大きさも違う。東京都の豆腐は長方形で、京都府の豆腐は正方形の大型で少し薄い。高知県の豆腐は小さな立方体。そして沖縄県の豆腐は大きな長方形——だが、これは東京で購入したもので、現地ではおよそ半丁の大きさ。沖縄では一丁が1kgもする大きな豆腐が売られている。なお高知の豆腐は、袋に入れて売られているのと硬いのが特徴である。

全国の豆腐の形をデザインした「とうふ手ぬぐい」

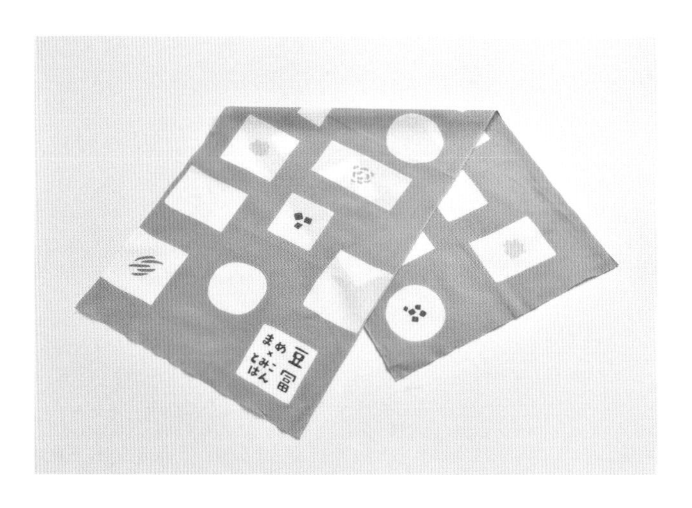

全国の豆腐の形をデザインした「とうふ手ぬぐい」を販売しているのが「豆腐マイスター」の工藤詩織さん。工藤さんは、各種ワークショップを行うなど、豆腐の魅力を伝える活動をされておられます。手ぬぐいは、工藤さんが運営するお豆腐雑貨専門ブランド「まめとみ」のX（旧ツイッター、@mametomi102）をフォロー後、ダイレクトメールをすることで購入できますとのこと。豆腐は味だけでなく形も全国で多種多様。全国を旅したおりには、ぜひ豆腐の形と味もチェックしたいものです。

関西では独特のメロディで数を数える

～数の「くらべる東西」～

「いーちにぃさーんしーごーろくしちはちきゅーじゅう」

この1から10までを、あるメロディに乗せて脳内再生した人は、きっと関西人に違いありません。最後の「きゅー」は上がって「じゅう」は下がる。詳しいリズムは、文章ではなかなか表現できませんが、関西の人は、このメロディでの数え方が染み付いているのではないでしょうか。京都出身の私も、お風呂で「肩までつかって10数えたらあがってええよ」なんていわれたとき「いーちにぃさーんしー」と数えて育ったので、今でも数を数えるときには、頭の中ではこのメロディが流れているのです。これは関東の人は全然知らないようなので、どうも関西特有の話なんですね。

こういった数に関する関東と関西の違い――それこそ本書のシリーズの一冊である『くらべる東西』のような、数に関する話をするならば「だるまさんがころんだ」は避けて通れないでしょう。目を閉じて1から10まで数える代わりに、10文字の「だるまさんがころんだ」と唱えるわけですが、関西ではこれが「ぼんさんがへをこいた」になります。私が育った京都では、これに続く下の句は「においだらくさかった」でした。三重県で育った山出カメラマンに聞いてみると「インディ

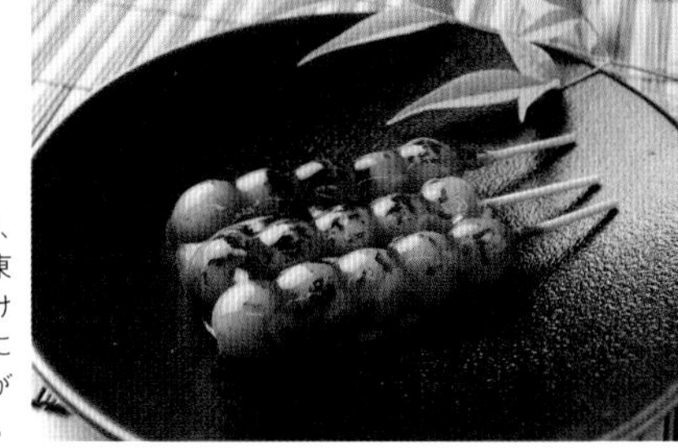

左が京都のみたらし団子で、右が東京のみたらし団子。東西のみたらし団子は、数だけでなく味も違っており、西にくらべて東はしょう油の味がきいて少ししょっぱいのです。

アンのふんどし」だったそうで、実はこの問題、全国多種多様でけっこう奥が深いのです。

地下鉄の駅名の数字にも、東京と大阪で異なる傾向が見られます。

「東京の地下鉄で『○丁目』と付く駅名は？」

こう聞かれたら「四谷三丁目」とか「銀座一丁目」とか「青山一丁目」とか「新宿三丁目」など、不思議なことに奇数の「丁目」ばかりが思い出されますが、実際すべて奇数なのです。一方、大阪地下鉄の「丁目」駅名は「谷町六丁目」とか「瑞光四丁目」とか「天神橋筋六丁目」など、全部ではないものの偶数が多い。どちらも意図したものではなく単なる偶然のようですが、これも数にまつわる関東と関西の違いといえるでしょう。

みたらし団子の数も東西で違います。

みたらし団子の発祥の地である京都では、１串に５つが一般的。この５つという数は、頭と両手、両足の数に由来し、これを人形（ひとがた）として神前に捧げていました。この団子が関東にもたらされるわけですが、江戸期に流通していた四文銭で５つの団子を買うと数が合わない――。そこで関東では１串に４つになったとされています。

七叉路

ひらばやし
Fresh
都南青果物株式会社
C&C
クリーニング
T-POINT
貯まります
使えます。
寿司処
平成三年三月
大田区

東京都大田区の
七辻交差点は「七叉路」

一般的な交差点は４本の道が交じわる「四叉路」だが、４本以上の道が交わるところを「多叉路」という。全国的にいくつもの多叉路があり、東京都江戸川区の菅原橋交差点は十一叉路、JR中野駅南口近くには「中野五差路」という交差点もある。そんななか「もっとも美しい多叉路」と名高いのが、東京都大田区にある「七辻交差点」の「七叉路」。交差点の中心から同じような幅の７本の道が、放射状にきれいに伸びている。「日本一ゆずり合いモデル交差点」という標語が掲げられている同所には信号がないため、通行する人は譲り合って、安全に交差点を通っている。

七叉路を360度カメラで撮影してみた

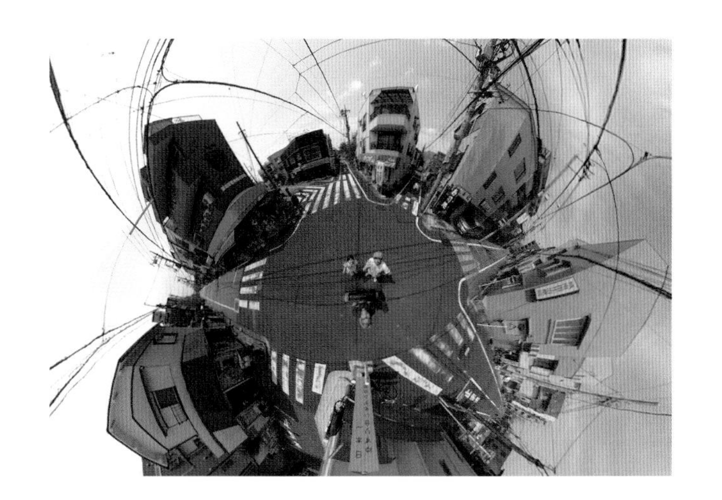

「七辻交差点」において「これで撮影してみよう」と山出カメラマンが取り出したのが「360度カメラ」。その名の通り360度の風景を撮影できるこのカメラを「ちょっと高い位置から撮ったほうが面白いから」と、長い棒の上に据えて撮ったのがこの写真。7本の道が集まってくる感じが見てとれて面白い構図になりました。一緒に写っている女の子は、四つ葉のクローバー探しも手伝ってくれた娘です。

4つ

7つ

葉っぱが「7つ」に裂けているのが八つ手

葉っぱが「4つ」に裂けているのがユリノキ

葉っぱは奇数に裂けているものが多いなか、偶数である4つ（または6つ）に裂けているのが「ユリノキ」。逆さに見ると半纏（はんてん）に見えるため、古くから「半纏の木」とも呼ばれる。一方、八つの手と書く「八つ手」は、7つか9つ（あるいは11）に裂けていて、その手の数は8つではない。ではなぜ「八つ手」というのかについては、その切れ込みの多いことを「八」と表現した説、あるいは「八」が末広がりで縁起がいいからという説がある。八つ手は、大きな手で人を招くとして、玄関先に植えられることが多い。日陰でも成長する植物として知られ、弱い光を有効に活用できるように葉の面積は大きく、また互いの葉が重ならないように成長するという。

花占いが大変な「ラナンキュラス」

花びらを千切りながら「好き……嫌い……」と口にして、花びらがなくなったとき口にした言葉が意中の人の恋心であるという「花占い」。コスモスでやれば、花びらの数は８枚なのでほどよい時間で終わるが、なかなか終わりが見えない「花占い」になるのがラナンキュラス。花びらがとても多いとされる花で、その数は100枚以上になるという。見た目は華やかだが、丈夫で育てやすく、春先には花屋の店頭にもよく並んでいますので、一度、飾ってみてはいかがでしょうか。

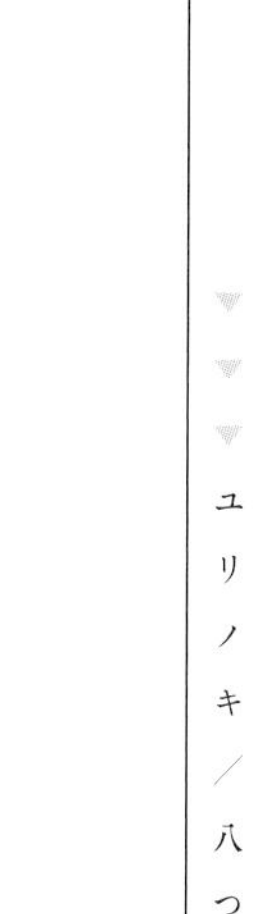

5枚

6枚以上

八重桜の花びらは「6枚以上」

一重桜の花びらは「5枚」

日本の桜の大半が「ソメイヨシノ」という品種であるが、桜には600もの品種があるという。その多品種の桜を大別するのが「一重桜」と「八重桜」という分類で、花びらの枚数によって区分される。一重桜の花びらは5枚でソメイヨシノやヤマザクラが属する。一方、花びらが6枚以上のものが「八重桜」と呼ばれている。八重桜は、花びらが幾重にも折り重なっているように見えるが、これは本来、雄しべや雌しべになる部分が花びらに変化したためと考えられている。なお、八重桜のなかでも花びらの数による咲き方の分類があり、6枚から15枚ほどのものを「半八重咲」、20枚から70枚ほどのものを「八重咲」、そして100枚以上になるものを「菊咲」と呼ぶ。

タンポポの花びらも5枚？

桜（ソメイヨシノ）とタンポポでは、どっちの花びらが多い？　こんな質問をされたら、ほとんどの人が「タンポポ！」と答えるであろうが、正解はなんと同じ。タンポポは、無数の花びらがあるように見えるが、あの細長い花びらのようなものが、ひとつの花。その先端をよく見ると5つに分かれており、それゆえ花びらは5枚となる。こういった花を「舌状花」と呼び、同じキク科のヒマワリもタンポポと同じような花である。

七味唐辛子と八宝菜の「七と八」の違いは？

〜 数学嫌いのための数の雑学 〜

「数学嫌い」という人は、けっこういるのではないでしょうか。かくいう私も、中学あたりで「数学は向いてないな」と感じて以来、ずっと苦手。ただ、本書を作ってみて感じたのは、数に関する雑学の領域は、算数（数学）だけでなく、国語、社会、理科、外国語となんでもありだなということなのです。

七味唐辛子と八宝菜の「七」と「八」が意味するのは、前者は「七種類」であるのに対して後者は「たくさん」です。つまり七味唐辛子というのは、7種類のスパイスで作られていますが、八宝菜はたくさんの食材が使われているだけで、8種類と決まっているわけではありません。このように名前に数字が付いていることばであっても、その数自体を意味することばは少なく、本書で撮影した「一寸法師」や「ハリセンボン」なども、どちらも「とても小さい」「とても多い」という意味だったりします。このような話は、完全に国語の話題ですよね。

小数点の打ち方は、世界各地で異なるのをご存知でしょうか。日本では「1.23」のように小さな点を用いますが、イギリスやアメリカの一部で

写真の中央に見える1968年竣工の「霞が関ビル」は、「日本初の高層ビル」とされ、こちらも長年「換算単位」に用いられてきました。高さ147mでその容量は52万m³。見事に四角いビルで、年間のビール消費量などを換算するにうってつけの素晴らしい外観だなと、見るたびにいつも惚れ惚れするのです。

は「1·23」のようにミドルドットを用いる。そしてフランスやドイツなどでは「1,23」のようにカンマを用います。日本では「虹の色数」といえば「赤、橙、黄、緑、青、藍、紫」の7色ですが、アメリカは日本の「藍」がない6色。ドイツは日本の「青、藍、紫」をまとめて「青」と数えるので5色。台湾のある部族では「赤・黄・紫」の3色だといいます。こういった話は、完全に外国語や世界文化の話題ですよね。

1903年（明治36年）に開園した東京にある日比谷公園は、「日本初の洋風近代式公園」として名高く、長い間「換算単位」に用いられてきました。つまりある場所を説明するのに「日比谷公園5つ分の広さ」などと紹介してきたのですが、韓国との領有権問題で話題になる島根県の竹島の大きさは、この日比谷公園の大きさ（161,636.66 m²）とほぼ同じだといいます。

これは完全に社会の話題ですよね。

数に関する本は、数列や比率、素数など、やはり数学分野の話が多いのですが、本書では幅広い分野の話を紹介していますので「数学嫌い」という方にこそ楽しんでもらいたいと思うのです。

5本
※前足

4本
※後ろ足

ネコの前足の指の数は「5本」

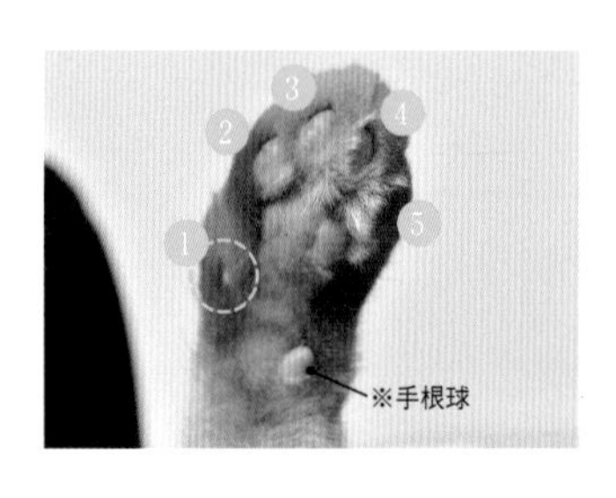

ネコの後ろ足の指の数は「4本」

ネコは、前足と後ろ足で指の数が異なっている。前足は並んで見える4本の指から少し離れたところに親指があるので合計5本。一方、後ろ足は、この親指が退化しており4本しかない。こういった差が生まれた要因のひとつとして考えられるのが、速く走ることを目的とした末の変化。地面に接する部分が少ないほど速く走ることができるので、地面を蹴る後ろ足の指が退化したのではないかと考えられている。なお、前足にある親指は、木を登るときや、獲物を捕まえるときに頻繁に使われるという。ちなみに、前足の少し離れたところにある部分は「手根球（しゅこんきゅう）」と呼ばれる前足にしかない肉球である。

ネコ専門病院「Tokyo Cat Specialists」

撮影にご協力いただいたのは東京都港区にあるネコ専門病院「Tokyo Cat Specialists」。院長の山本宗伸さんは、アメリカでネコの獣医学を学んだ獣医師で、ネコが安心して来院できるようにと専門病院を開業したという。モデルになってくれたのは、山本さんの愛猫「カツオ」くん。カメラを向けても落ち着いている、とてもかわいいカツオくんでした。なお「Tokyo Cat Specialists」では、往診対応や、ペットホテルも備えています。詳しくはホームページ（http://tokyocatspecialists.jp）をご覧ください。

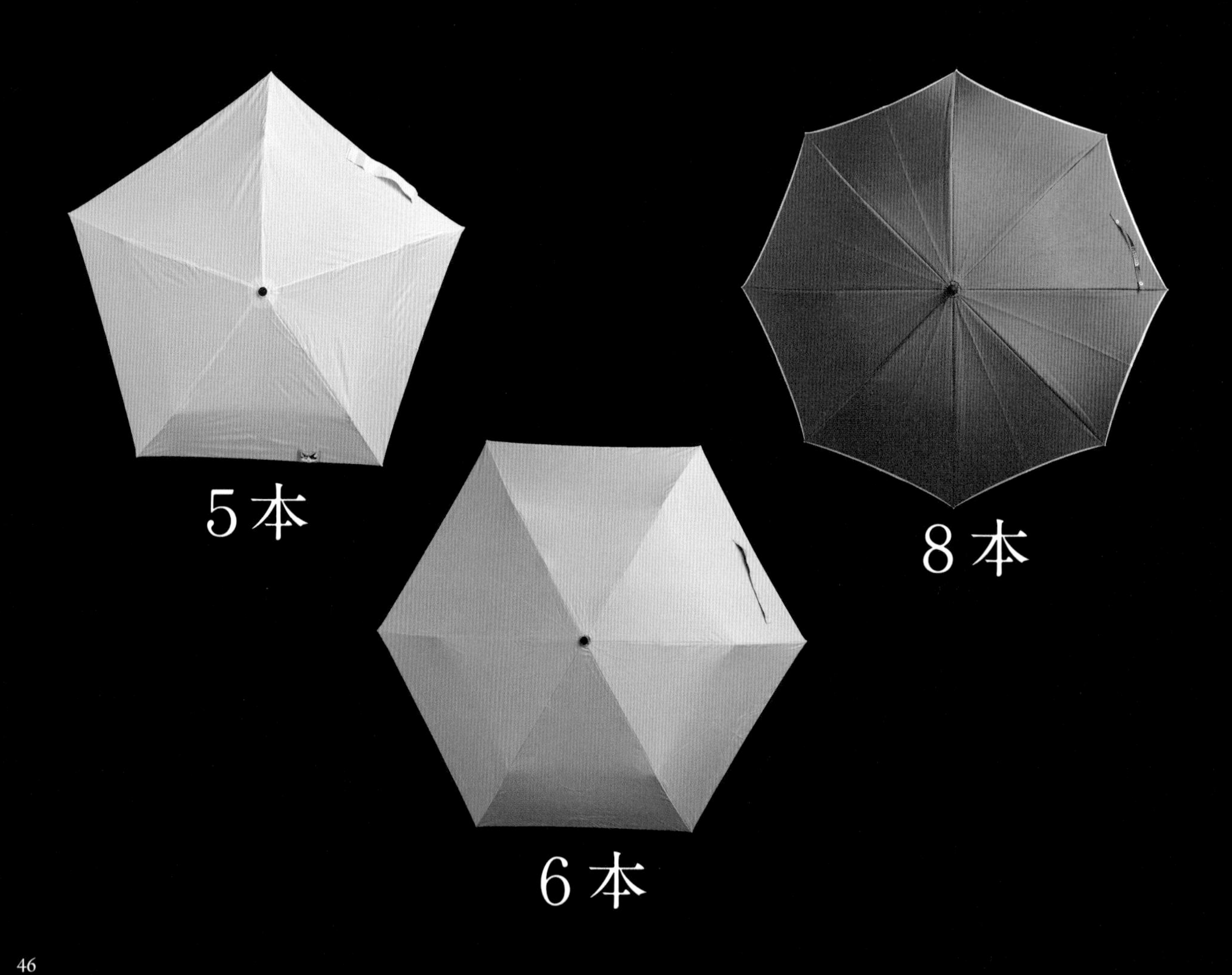
5本
8本
6本

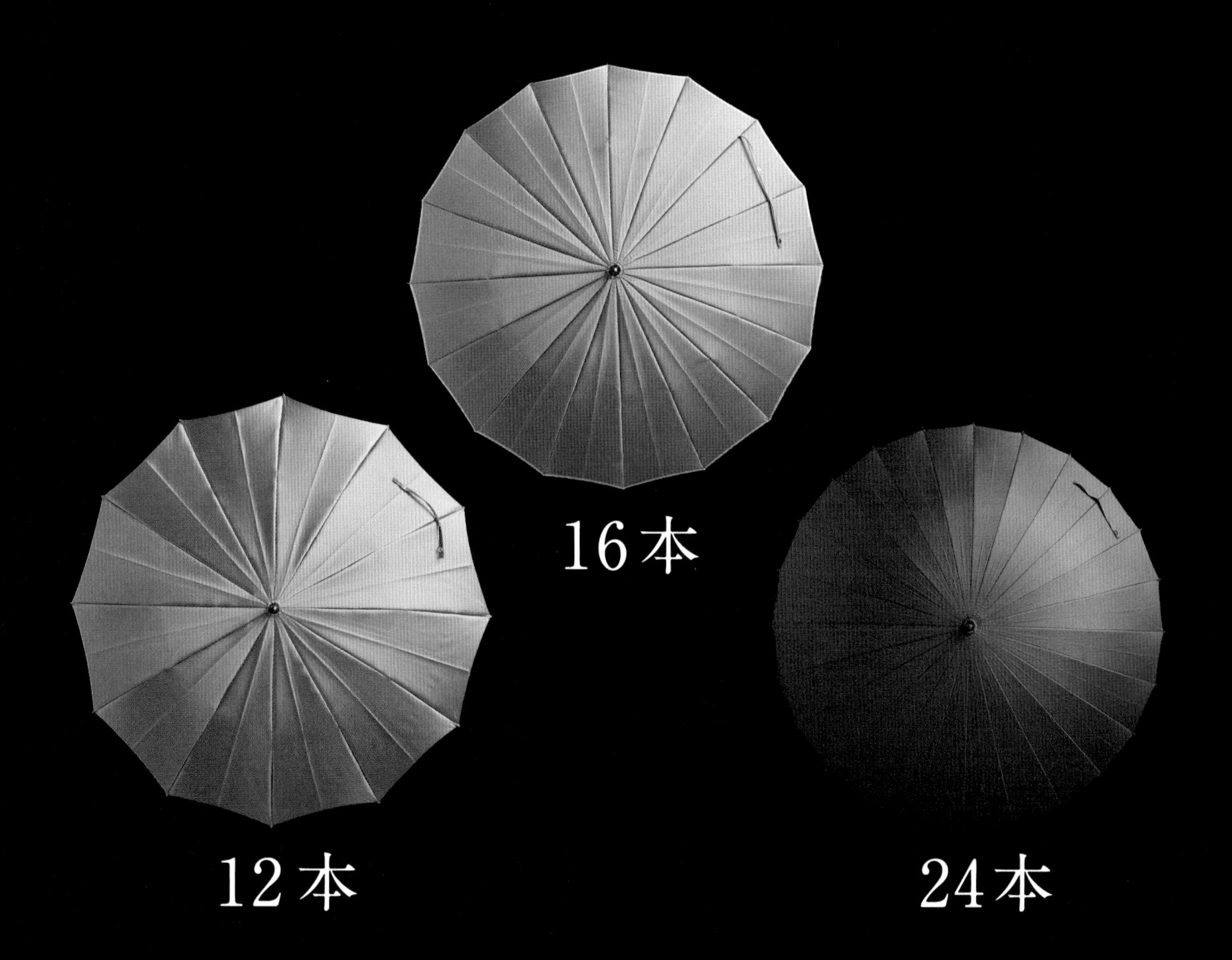
16本
12本
24本

傘は骨の数が増えるほどに円に近くなる。

傘は、その骨の数が増えるほどに円に近くなる。写真は骨の数が5本、6本、8本、12本、16本、24本の傘だが、こうして並べて見るとその様子がよくわかるだろう。傘の骨の数が増えると丈夫になるだけでなく、雨よけの面積も広くなる。骨が24本の傘は24角形で、これでもだいぶ円に近いが、古代ギリシアの数学者であるアルキメデスは、正96角形を作って円周率を求めている。

手作り洋傘の専門店「小宮商店」

撮影にご協力いただいたのは東京都中央区で傘の製造と販売を行う「小宮商店」。職人の手で丁寧に作られた傘は、置いても開いても美しく、手作りはやっぱり違うなと思わせてくれる逸品でした。プレゼントにも大好評とのことなので、大切な人への贈り物などにもいかがでしょうか。実際に手にすると、きっと傘を見る目が変わると思いますよ。

サツマイモが「十三里」と呼ばれた理由

～ 江戸の数字駄洒落 ～

江戸時代、サツマイモが「十三里」と呼ばれていたのをご存知でしょうか。

サツマイモが広まった、江戸時代の当初、味が栗（九里）には少し劣るということで、京都の店では「八里半」という看板を出して売っていました。これが江戸のとある店で「栗（九里）より（四里）うまい十三里」と称したことから、そう呼ばれるようになったのです（＊）。

「十七屋」と名乗った飛脚屋もありました。これは陰暦17日の夜の月が「立ち待ち月」（夕方、立って待っている間に出る月）と呼ばれていたため。つまり飛脚にとって大切な「たちまち着く」を「立ち待ち月」とした洒落なんですね。櫛屋が「十三屋」と称したのは、勘がいい人ならお気づきでしょうが「九（く）」＋「四（し）」＝十三だからですね。

一日中という意味の「四六時中」ということばは「4×6＝24（時間）」になるから——というのはご存知でしょうが、もともとこのことばは、昔の「二六時中」（昔は1日を12の「時（とき）」に分けていた）を、時間制度の変更に併せて改変したもの。数に限定するだけでもこういった洒落ことばはたくさんあり、改めて日本人の駄洒落好きを感じるのでした。

＊他にも当時、サツマイモの名産地とされていた川越が江戸から十三里の距離にあったからという説もあります

Part

はかる数字

▲▶▼◀▲▶▼◀▲▶▼◀▲▶▼◀▲▶▼◀▲▶▼◀▲▶▼◀▲▶

0.18mm

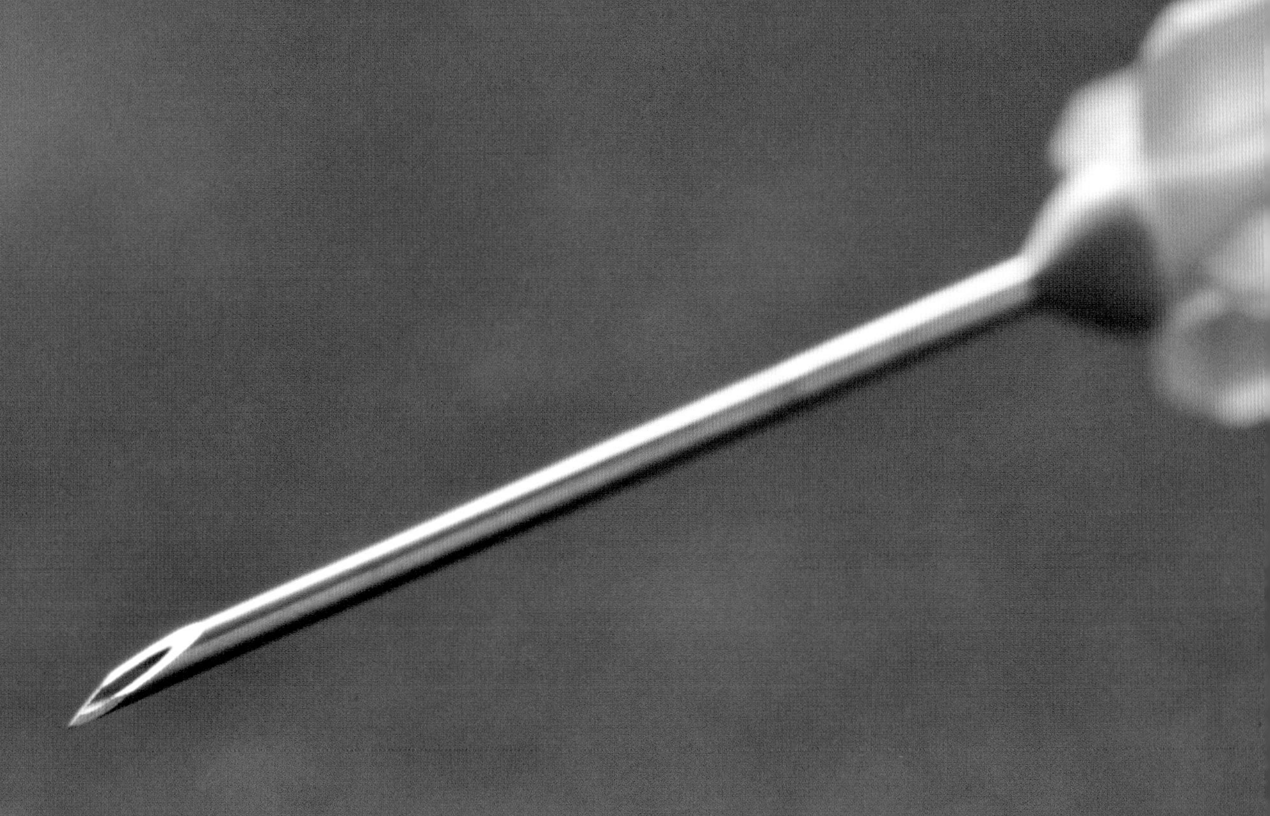

0.45mm

一般的なインフルエンザ予防接種の注射針の直径は「0.45mm」

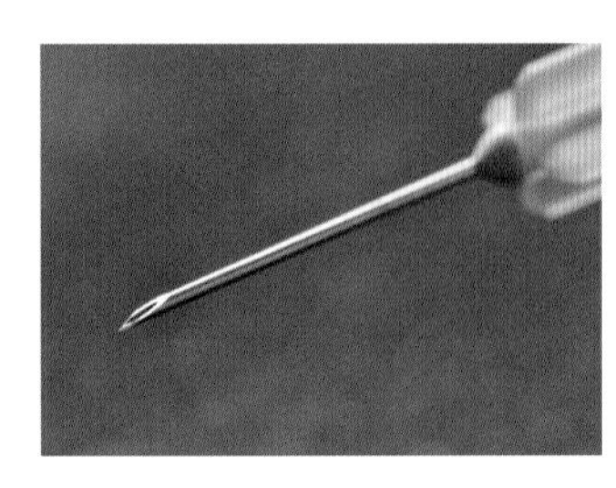

人間が「痛い！」と感じる痛点は、皮ふ表面の1mm四方に1～2個あるとされる。針が細くなればなるだけ、この痛点に当たる確率が減るので、注射の針はどんどん細くなるという進化を遂げている。通常、インフルエンザの予防接種に用いられているのが、直径0.45mmの注射針。これに対して医療機器メーカーのテルモ株式会社と、金属加工会社の岡野工業が共同で開発した、今もっとも細い針の直径は0.18mm。1日に複数回、注射によって薬を投与せねばならない糖尿病患者用にと開発されたもので、針を左右非対称にすることで小さい刀のようにサッと挿入できるようにするなど、より痛みを軽減する工夫が細部にもなされている。

もっとも細い注射針の直径は「0.18mm」

社名は体温計という意味の「テルモ株式会社」

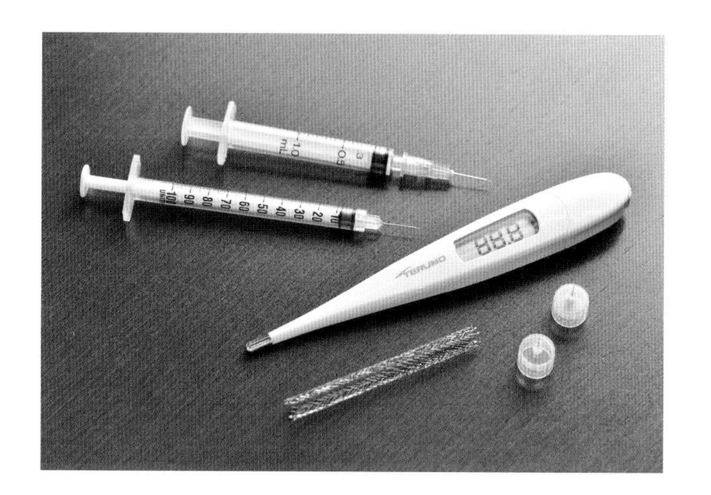

撮影にご協力いただいたのは東京都渋谷区に本社がある「テルモ株式会社」。1921年に北里柴三郎博士ら医学者が発起人となり良質な体温計の国産化を目指して作られた「赤線検温器株式会社」がその前身で、現在の社名の「テルモ」は、ドイツ語で体温計を意味する「thermometer」(テルモメーテル)がその由来となっている。一般向けに作られる体温計だけでなく、心筋梗塞など血管の病気を治療する「ステント」など、幅広い医療機器の製造を行う。「弊社の製品で体温計しかご存知ないのは健康な方だからですよ」と担当の方がニッコリされたのが印象的でした。

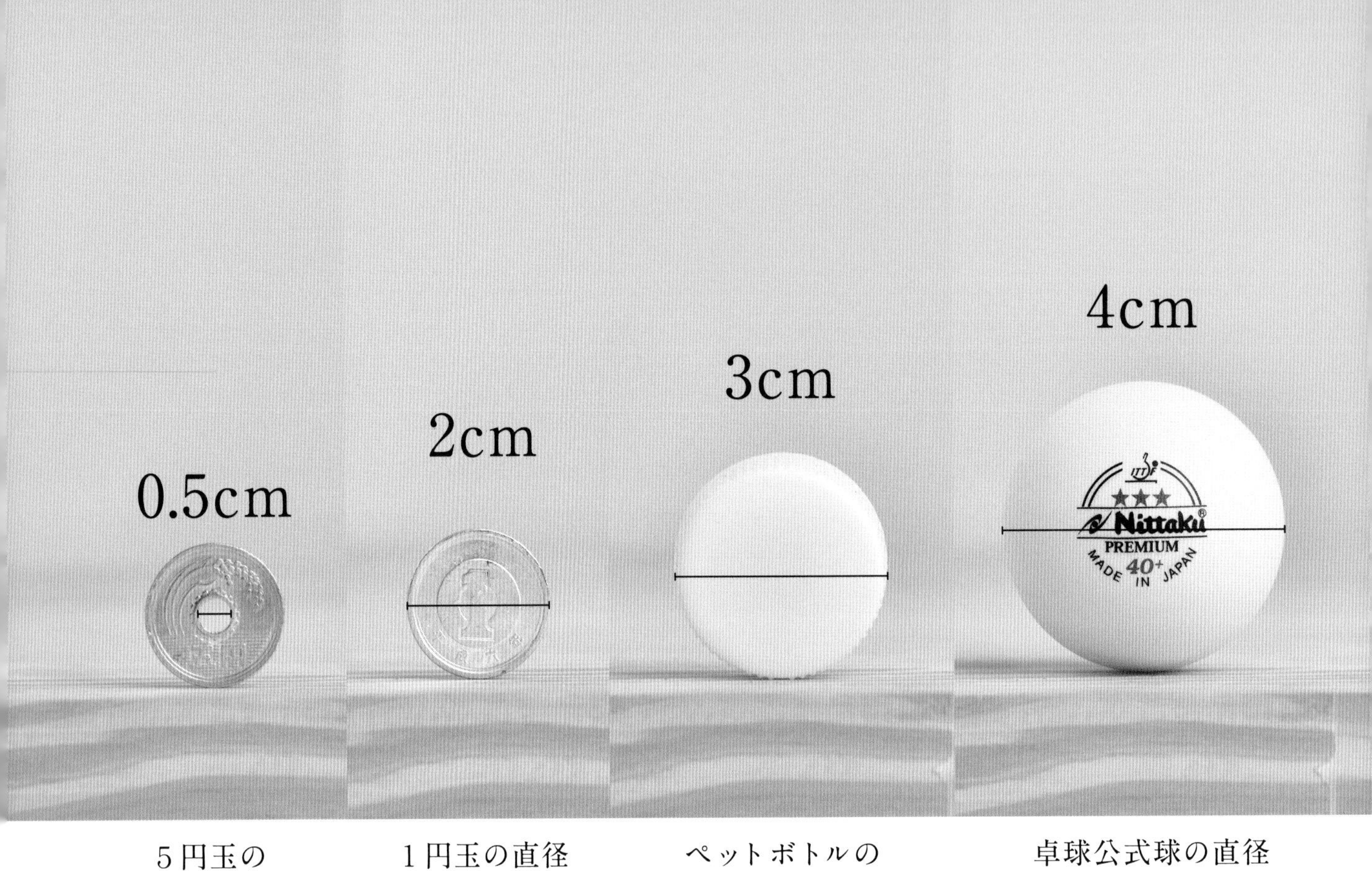

5円玉の
「穴」の直径

1円玉の直径

ペットボトルの
「キャップ」の直径

卓球公式球の直径

けん玉の
「玉」の直径

円型コースターの直径

5円玉の穴の直径「0.5cm」／1円玉の直径「2cm」／ペットボトルのキャップの直径「3cm」／卓球公式球の直径「4cm」／けん玉の玉の直径「6cm」／円型コースターの直径「9cm」

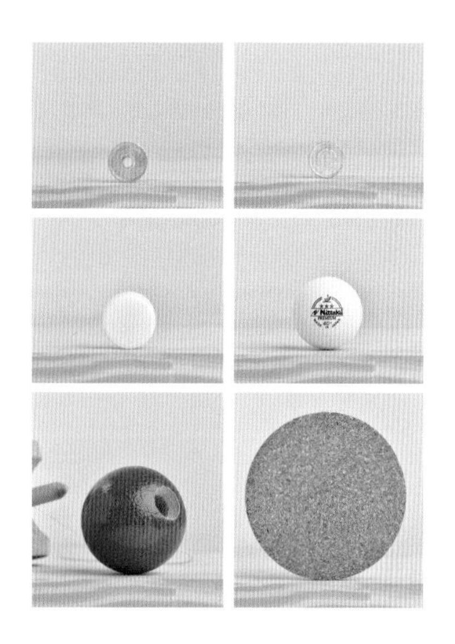

定規の代わりにもなる「身近なジャストサイズ」として広く知られているのが「1円玉の直径は2cm」。そこで、1円玉と同じようにサイズがピッタリな円いものを10cmまでの間で探してみた。まず同じく硬貨でいえば、5円玉の穴の直径が0.5cmである。またペットボトルのキャップが3cm、卓球の硬式球の直径が4cm、けん玉の玉の直径が6cm、そして一般的な円型コースターの直径が9cmである。1円玉とペットボトルのキャップを並べれば5cm、コースター2枚と1円玉を並べれば20cmと、これだけあればいろいろな長さを測ることができる。

マッチ棒は5cmでハガキの横幅は10cm

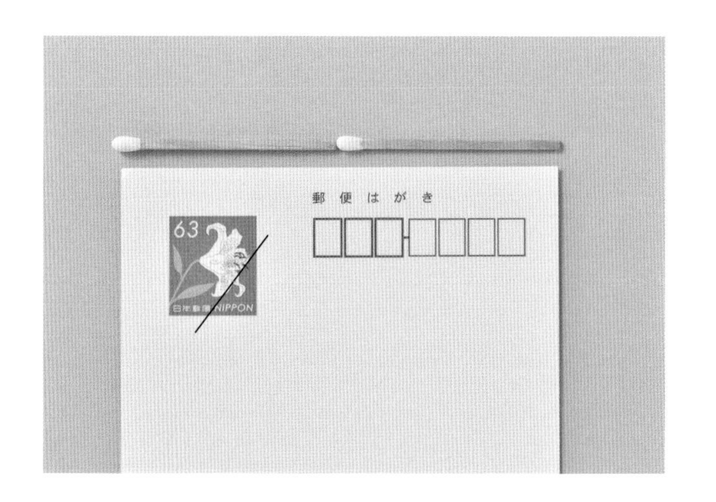

「円いもの」と限定しなければ身近にあるサイズがピッタリなものに、10cmの官製はがきの横幅と、5cmのマッチ棒の軸の長さがある（マッチ棒はおよそ）。本書を制作していた間、ずっとサイズがピッタリの円いものを探していたのですが、結局、直径1cm、5cm、7cm、8cm、10cmの円いものを見つけられませんでした。無念。ご存知でしたら教えてください。

30m

10m

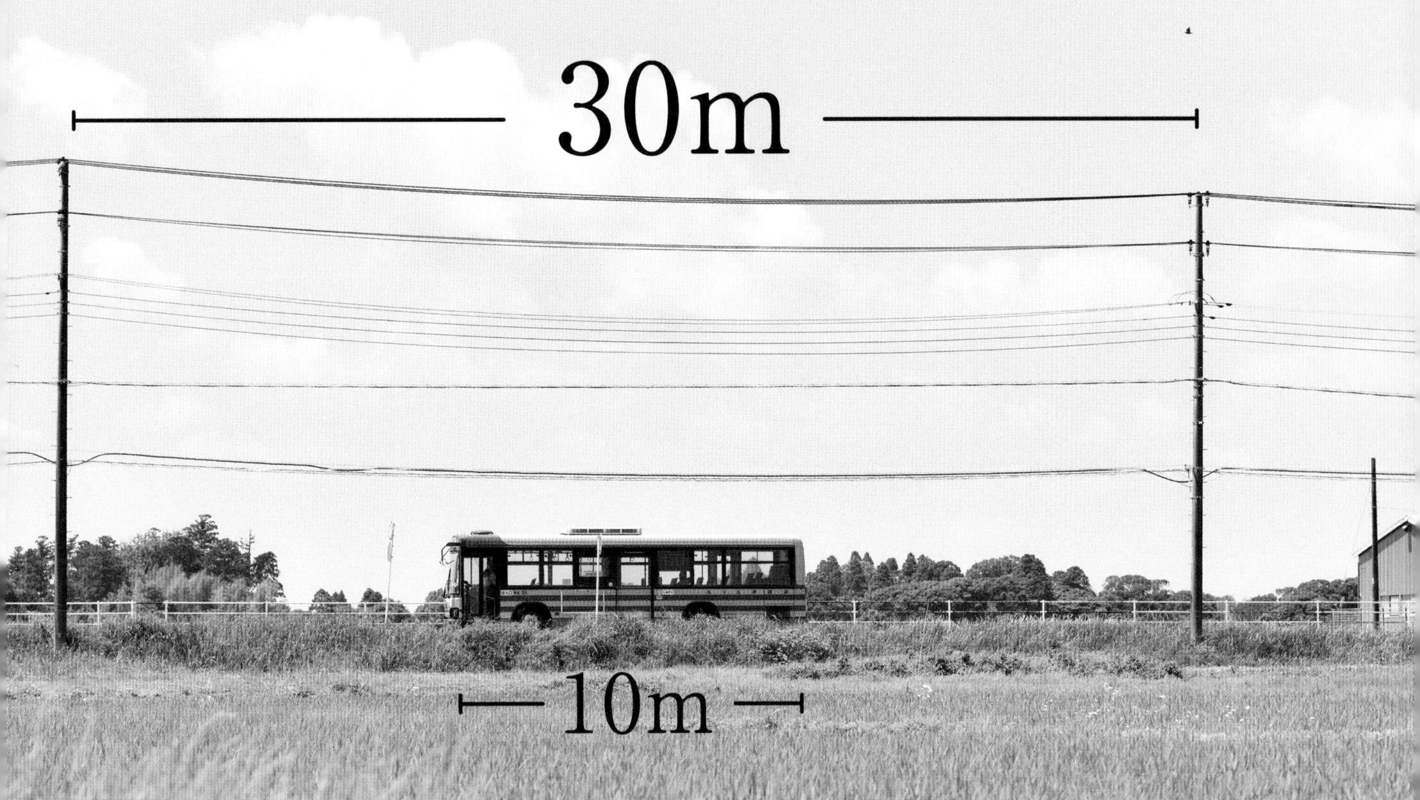
30m
10m

電柱と電柱の間隔はおよそ「30m」
路線バスの長さはおよそ「10m」

街中にも、おおよその長さを知るための指標となるものがいくつかある。その代表例が電柱と電柱の間隔で、その距離はおよそ30m。不動産表示の徒歩1分は80mなので、だいたい電柱3本弱ほどの距離となるわけだ。また一般的な路線バスの車体の全長は10m前後。なお夜空の星の「一等星」の明るさは、1km先にあるロウソクの灯りほどの明るさであるという。

撤去された「海中電柱」

美しい電柱の風景として広く知られたのが、千葉県木更津市の江川海岸にあった海中電柱。その姿が、映画『千と千尋の神隠し』のワンシーンに似ているとSNSで話題になり、一時は多くの撮影客が訪れた。私も山出カメラマンと千葉方面の撮影の帰りに立ち寄って見学したのですが、なんとも美しい光景。沖合に密漁を監視する小屋があり、そこに電気を送るために設置されたものでしたが、その小屋が使われなくなり、事故を防ぐためにと電柱は2019年に撤去されたため、この景色はもう見ることができなくなりました。

山出高士の

千葉にはお世話になっている

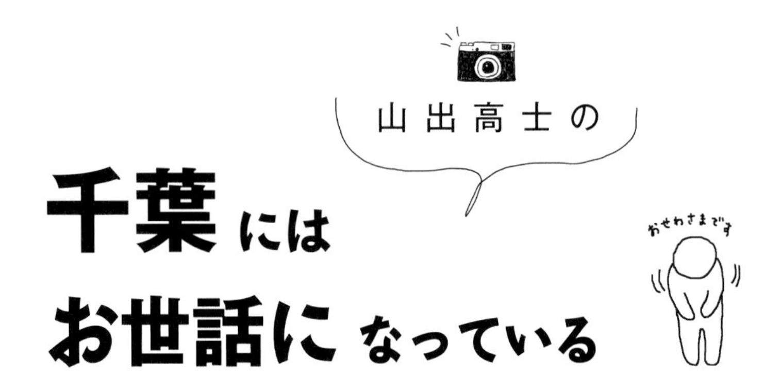

千葉にはお世話になっている。

東京の東側に住んでいるので、海を見ようと思えば湘南より九十九里の方が出やすい。子どもが小さかった頃は、友達家族とコテージを借りて、昼は海や蓮沼海浜公園で遊び、夜はバーベキューや花火を楽しんだ。蓮沼海浜公園には「ベルーガ」の名を持つジェットコースターがあり、2歳から乗ることができた。マイルドなコースターの程よいスリルは、うちの息子を虜にして何度も繰り返し乗った。残念ながら今は撤去されてしまったが、かわいいベルーガの写真が残っていたので、ご覧いただきたい。

仕事でもお世話になっていて、本シリーズでもたびたび撮影に訪れている。本作では、「百尺観音」と「バスの全長／電柱の間隔」の撮影に行った。

本書は2019年の夏過ぎから撮影を開始し、

左／「ベルーガ」（シロイルカ）をモチーフにしたジェットコースター。400円で2周も走ってくれるが、知らないで乗ると1周目で止まらないのでびっくりする。現在は残念ながら老朽化を理由に撤去された。上／「百尺観音」の奥に見える、飛び込み台のような所が「地獄のぞき」。垂直に切り立った岩壁の高さとソリッド感に圧倒される。

早々に百尺観音に行こうと計画していたが、2019年9月に台風15号が襲来。房総半島に大きな被害が出て、しばらく行くことができなくなった。そろそろ落ち着いたとのことでお邪魔したのは10月30日のことだったが、百尺観音がある鋸南町では、まだ屋根を青いビニールシートで覆っている家が多く見られ、復旧支援の自衛隊も駐在している状態だった。そんな折に、再開したばかりの鋸山のロープウェイで「百尺観音」があるという鋸山の頂上を目指した。猫がゴロゴロしている頂上駅から歩いてすぐ、切り立った岩壁の間を抜けると百尺観音が現れる。観音だけでなく取り囲む岩と緑を含めてド迫力である。観音様の上方には、空中に飛び出したような岩が見えるが、あれが「地獄のぞき」だ。房総半島が一望できるという絶景ポイントとして名高い場所だが、高所恐怖症気味の自分は少々ビビる。しかし実際に地獄のぞきの場所に立ってみると思いのほか怖くない。その場所からは、自分の立つ岩の下の状態は見えないので、空中に飛び出している感じがせず案外平気で、両手をあげ余裕のポーズをとる。海の向こうに見える三浦半島と、雄大に広がる海岸線から東京湾の大きさを実感して、地獄のぞきを後にした。

ついで千葉を訪れたのは、本書の締め切りも間近になった頃だった。「路線バスの全長はおよそ10mで電柱の間隔はおよそ30m」。これを電柱のある道路を走るバスを撮影することで、その長さがわかるように表現して欲しい——。これが岡部さんからのリクエスト。この以前に東京で何度かトライするもわかりやすい写真が撮れなかったので、撮影地を千葉に絞って探してみたのだが、九十九里鉄道のバスがオレンジ色でかわいい。ちょうど田植えが終わった季節、緑の田園風景の中をオレンジ色のバスが走るイメージを抱いて向かった。

千枚田中腹に設けられた見晴台からの眺め。375枚の棚田が階段状に並ぶ。駐車場やトイレも併設されているので観光しやすい。稲刈り後の冬の間は、ライトアップイベントもある。

東金市から海に向かう県道沿いには電柱がいくつかあるも、細かったり等間隔でなかったりとなかなかスッキリとした写真にはなりそうにない。あちこちを探し回りようやく「ここぞ！」という場所を見つけられた。田んぼの脇に座って目を凝らす。見逃すわけにはいかないので軽い緊張

上／海中電柱で人気となった「江川海岸」の隣「久津間海岸」に立つ鳥居。夕暮れどきは多くの飛行機が上空を通過して美しい光景が見られる。右／洞窟を通過する光が帯となり、水面に映るとハート形になることで人気の「濃溝（のうみぞ）の滝」。撮影時は残念ながらハート形は見られなかったが、十分に美しい風景が見られた。

感の中、30分ほど待つもバスは来ない。「この道は本当にバス路線なんだろうか？」と不安になりはじめた頃、ようやくオレンジの車体が現れてイメージ通りの写真を撮ることができた（P60参照）。大いに満足し、満ち足りた気持ちで九十九里海岸の海を眺め、漁師が営む店で「地魚刺身3点盛り定食」を食べた。絶品でした。そして帰りには、ぐるっと寄り道をして鴨川市の「大山千枚田」を見に行った。「千」という数がつくことから、早い段階から撮影候補に挙がっていたが、ずっとタイミングが合わず、このときギリギリになって撮影できたのでここで紹介したい。

今回の仕事で新たな魅力をまた知ることとなった千葉。これからもまだまだお世話になります。

45cm

最大料金
あります
45cm
45cm
45cm
45cm
45cm
45cm
45cm
45cm
45cm
45cm
45cm
45cm
45cm
45cm
45cm
45cm

横断歩道の白い部分と
その間の幅はともに「45cm」

白線とその間の空間で構成された「横断歩道」は、白線の幅もその間の幅もともに45cmである。このことを知っておくと、白線が何本あるかで、その横断歩道のおおよその長さがわかる。たとえば渋谷のスクランブル交差点を上空から撮影している映像を見ると、斜めに横断する部分には白線が35本見えるので、その距離はおよそ35×90cm（45cm＋45cm）＝3150cm。およそ31mだろうということがわかる。また現在、男子走り幅跳びの世界記録は8m95cmであるので、それはおよそ白線10本の横断歩道ほどの距離だとわかる。写真は、横浜市鶴見区にある白い部分が32本ある長い横断歩道。T字路が交わっている地点ゆえ、斜めに描かれた白線が長く続く面白い場所である。

「短すぎる横断歩道」も味わい深い

一口に「横断歩道」といっても、いろんな長さや形があり、珍しいものを探すのもなかなか楽しい。長い横断歩道を横浜市に見つけたので、短いものも……と発見したのが、京都市にあったこの横断歩道。なんと白線３本で長さはおよそ225cm。短い横断歩道にも独特の味わいがあるのでした。

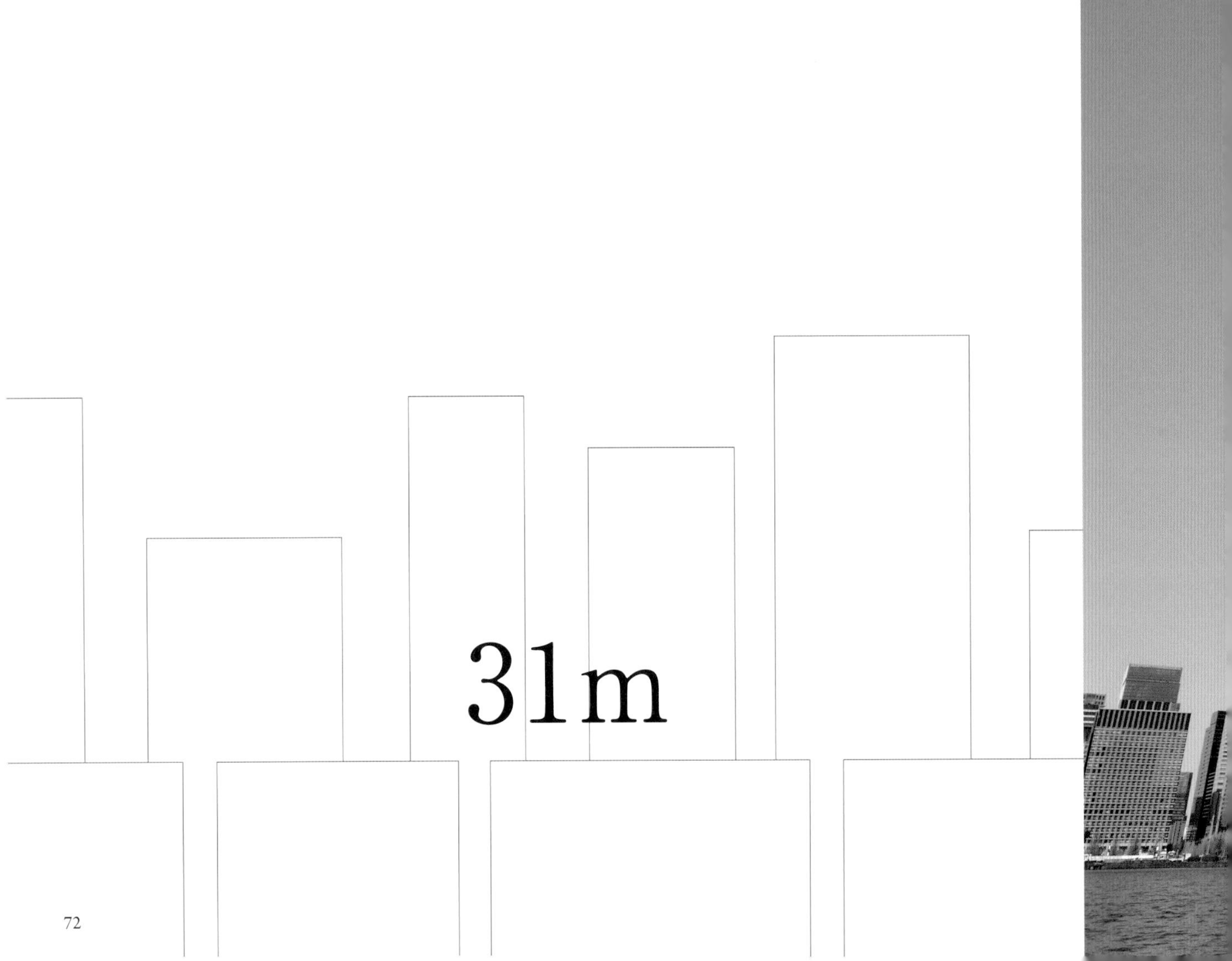
31m

帝国劇場

東京の丸の内には高さが「31m」に揃っている建物群がある

東京のビジネス街「丸の内」には、ビルの高さが31mに揃っている「31mライン」と呼ばれる建物群がある。これは1919年（大正8年）に制定された市街地建築物法（建築基準法の前身）によって、建物の高さが住居地域では65尺（後に20mに変更）、住居地域以外では百尺（後に31mに変更）に設定されたことの名残。1970年（昭和45年）の建築基準法改正によって建物の高さ制限は撤廃されたが、丸の内地区、とりわけ皇居のお堀に面した通りでは、当時の建物を保存したため高さが31mで揃った建物群が今でも美しく残る。

日本橋にも残る31mライン

31mライン（百尺ライン）が美しく残る場所は、東京の日本橋にもある。日本橋の再開発は、過去の美しい建物を残しながら行われてきたため、かつて31mで作られた建物の面影が現在の高層ビルの低層部に見ることができる。今まで何気なく見ていた景色が、こういった知識ひとつで劇的に見方が変わるところが「知る」ことの楽しさですよね。

1.2km

しらひげ
センター商店街

「白鬚東アパート」の全長は1.2km

東京都墨田区にある「白鬚東アパート」は全部で12棟からなり、高さはおよそ40m、その全長はなんと1.2kmにも及ぶ。なぜこれほど巨大なのかといえば、この建物全体が大火災の発生時に「防火壁」の役割を果たすよう造られたためである。このアパートが建っている隅田川沿いは、災害危険度の高い地域であったことから、同地を東京都が買収。防災拠点構想のもとに再開発が行われ、1975年に同アパートが着工されて、1982年に竣工した。アパートの内側にはおよそ9haの避難広場が設けられており、災害時にはおよそ8万人を収容可能とする飲料水や食料、医薬品の備蓄がなされている。

開口部には防火シャッターも設置

白鬚東アパートは、深くて丈夫な地盤まで杭が打たれるなどの対策が施されており、関東大震災クラスの地震に対応できる強度を持つよう作られている。建物の開口部は、火災が迫ったときに火をシャットダウンできるように防火シャッターになっており、まさに「防火壁」になっていることがわかる。こういった「防火壁」の役割が求められた背景には、関東大震災のとき、燃え上がった火の手が次々と延焼していき、死者10万5千人ともいわれる同震災の死者のうち、火災による死者が9万人以上という被害を出したことが影響している。大地震のとき本当に恐ろしいのは、火事や津波であることを覚えておきたいところです。

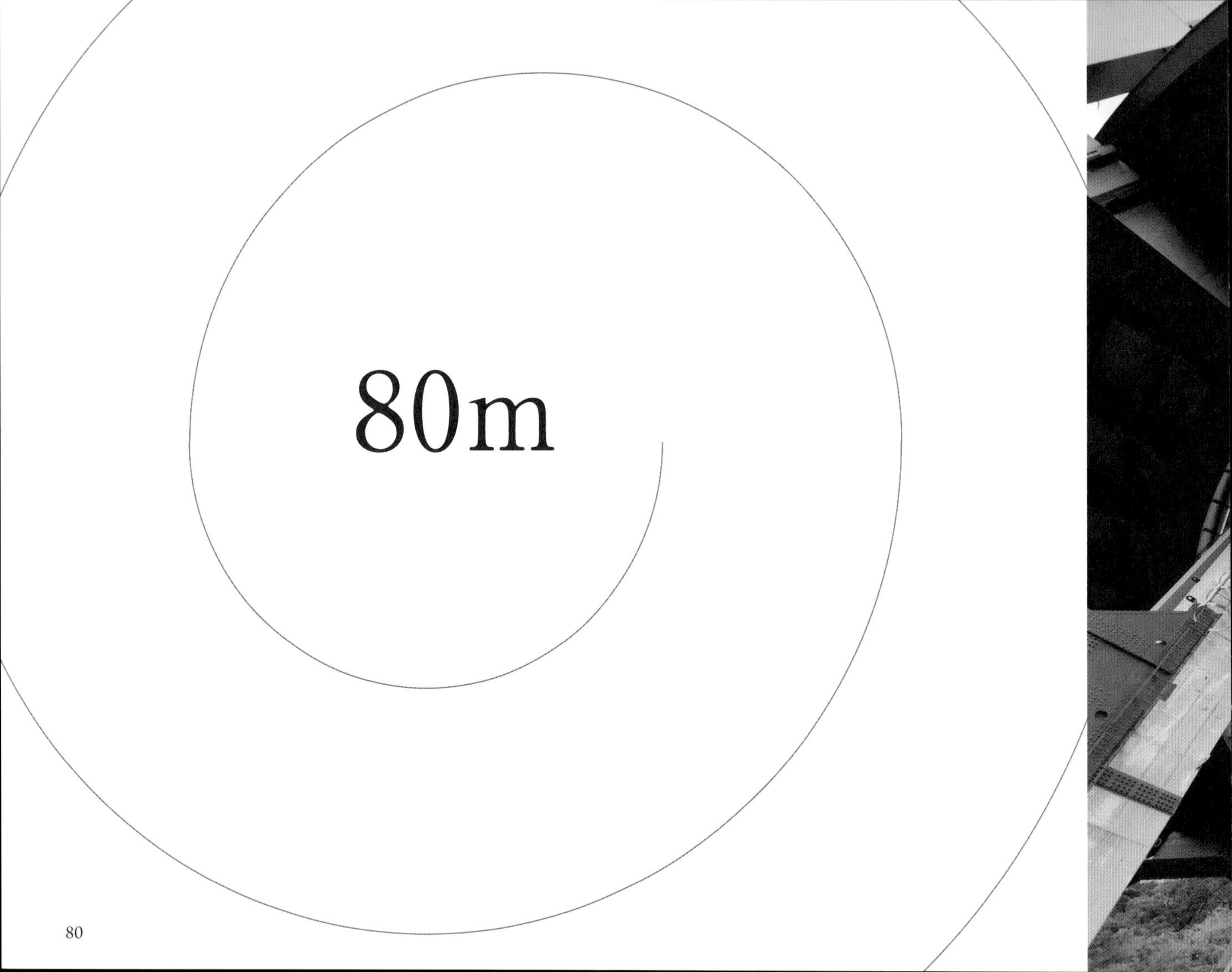

80m

45mの高低差をクリアする河津七滝ループ橋の直径は「80m」

静岡県の伊豆半島の中央部に位置する天城山は、伊豆半島で最高峰の万三郎岳(ばんざぶろうだけ)などの山々から構成されるため「天城連山」や「天城山脈」とも称される。川端康成の小説『伊豆の踊子』や石川さゆりの代表曲である『天城越え』などの舞台になってきたため、その名を知る人は多いことだろう。現在、この天城山を越えるルートとなる国道414号線の河津町にあるのが「河津(かわづ)七滝(ななだる)ループ橋」で、直径約80mの二重の輪の道によって高低差45mをクリアしている。ループ橋ができる以前は、山中の折れ曲がる道々を通っていたが、それらが1978年に起こった地震の際に崩れたため、3年がかりの工事によって1981年に完成した。なお安全のためこのループ橋では制限速度が40kmとなっている。

「たき」ではなく「たる」と呼ぶ理由

「河津七滝ループ橋」の「七滝」とは、近くを流れる河津川に7つの滝が点在することがその名前の由来だが、この地方では「滝」を「たき」と呼ばず「たる」と呼ぶのが特徴。これはヤマタノオロチのような7つの頭を持つ大蛇を退治する際に酒樽を使ったところ、その樽が川に引っかかって滝になったためという言い伝えによる。見ても通っても楽しいループ橋。中伊豆観光の際には、ぜひ足を延ばしてみてください。

634m

十間

（約18m）

HIKARI
ひかり

「高さ634m」の東京スカイツリーの撮影場所として名高い「十間橋」

東京スカイツリーは、プロジェクト開始当初は高さ610mを予定していたが、自立式電波塔として高さ世界一を目指すため、「むさし」という語呂合わせで覚えやすくもある634mになった。このスカイツリーの撮影スポットとして人気なのが十間橋（じっけんばし）。この橋が架かる「北十間川」がその名前の由来で、川の幅は文字どおり十間。一間がおよそ1.818mなので、川幅はおよそ18mとなる。

北十間川と横十間川

北十間川に架かる十間橋から、東京スカイツリーから離れるように東に少し移動すると、そこは横十間川との合流地点となる。合流地点から見る横十間川は拡幅されたようで、十間よりもだいぶ川幅は広い。名前は、江戸城に対して横に流れる川だったことがその由来だという。

5km

浜辺から見える水平線までの距離はおよそ「5km」

浜辺から雄大な海を見ていると、その先に見える水平線はずいぶんと遠くに見えるが、そこまでの距離は、およそ5kmとされる。この距離の算出方法は、ピタゴラスの定理（直角三角形の斜辺の2乗は、高さの2乗と底辺の2乗を足したものと等しい）を用いる。地球の半径はおよそ6400kmなので、これを底辺とする。そして地球の半径プラス、その人の目線の高さを斜辺として、海岸線までの距離を求めるわけだ。この方法で算出すると、子どもの目線で、海岸線まではおよそ4km、大人の目線でおよそ5kmとなる。

月までの距離を測る方法

古代、月までの距離を正確に測ったとして名高いのがギリシアの天文学者であるヒッパルコス（紀元前190年頃～紀元前120年頃）。彼は、日食のときに離れた2地点から、太陽の隠れ方の違いを観測することで、地球と月の間の距離を地球の半径の59倍だと導き出した。これを計算すると、実際のおよそ38万kmに近い数値となる。現在は、1969年、アポロ11号が月面に着陸したとき、月面に置いてきたリトロリフレクターという反射板にレーザーを照射し、戻ってくるまでの時間を測定することで、その距離を正確に測っている。そしてその距離は年に3.8cmずつ地球から遠ざかっているのだそうです。

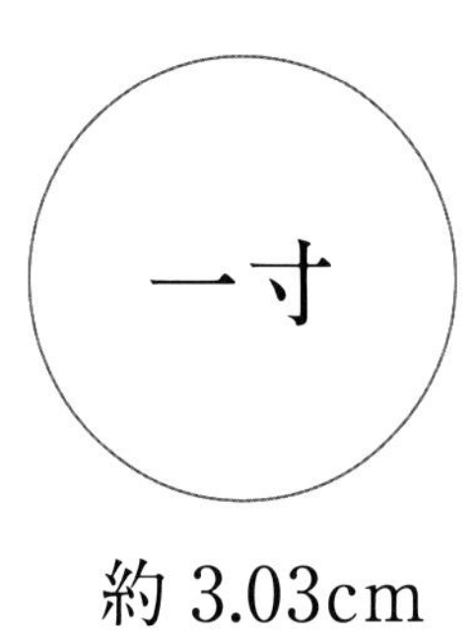

約 3.03cm

「一寸」は3.03cm

「一寸法師」が本当に一寸ならば これくらいの大きさ

昔話の「一寸法師」の「一寸」とは、「とても小さい」という意味であるため、文字どおりの一寸ではない。ただ、本当に一寸、つまりおよそ3.03cmだったらと仮定した一寸法師を撮影してみたのがこの写真。一寸法師は、お椀の舟に箸の櫂(かい)(舟をこぐ道具)を使って川をくだるが、本当に一寸であるならば、このようにとてもお椀の舟を操ることはできなさそうだ。お椀の舟を操るならば、おそらく12cmから15cmほどの身長が必要だろう。つまり実寸からすれば「四寸法師」か「五寸法師」あたりになるだろうか。

「親指姫」はどんな話か覚えていますか？

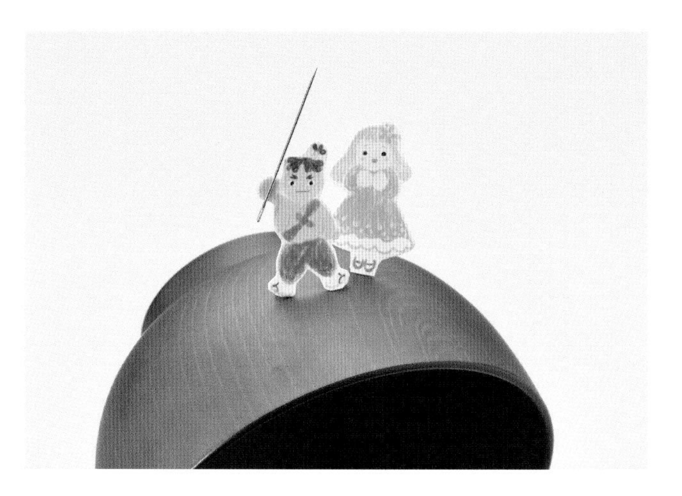

一寸法師と同じ小さな主人公といえば、アンデルセン童話の「親指姫」が思い出されるが、話の詳細を覚えていないので改めて読んでみました。ざっと解説すると、小さな子どもが欲しいと魔女に頼んだ女性が12シリングと交換に大麦の粒をもらう。これを埋めて咲いた花から生まれたのが親指姫ですが、美しい姿ゆえ、息子の嫁にしようとヒキガエルに連れ去られたり、ひもじいところを助けてもらった野ネズミからモグラとの結婚を強要されたりする。そんなところを魚やチョウ、ツバメたちが救ってくれて最後は花の王子に出会って幸せに暮らす——というお話。一寸法師が人間界の話であるのに対して、親指姫は動物や鳥など自然界と交流する話であるのが、もっとも大きな違いですかね。

一尺八寸

（約54cm）

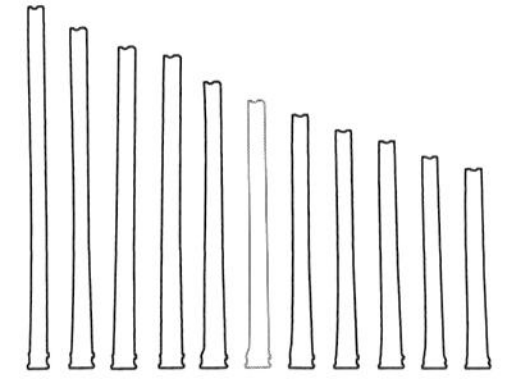

一尺八寸

尺八の長さは「一尺八寸」

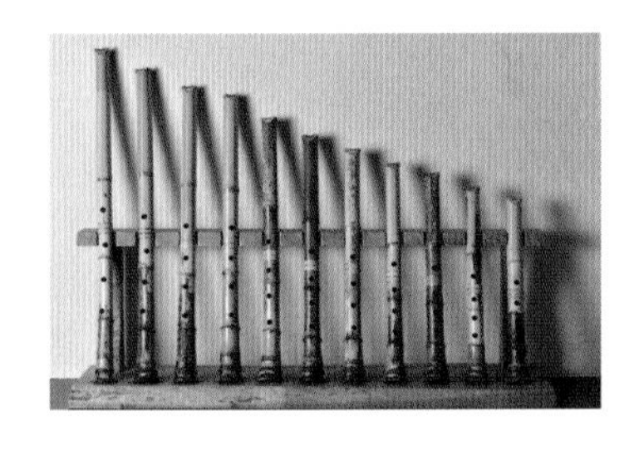

尺八という楽器は、その長さが「一尺八寸」であることが、その名前の由来である。一尺は約30cm、一寸は約3cmであるため、尺八はおよそ54cmということになる。ただし「尺八」には様々な長さのものがあり、この写真のなかでも一尺八寸なのは、真ん中のものだけでこれを「一尺八寸管」と呼ぶ。この右隣のものは、一寸短い「一尺七寸管」で「一尺八寸管」よりも半音高くなっている。逆に「一尺八寸管」より長いものは、一寸長くなるごとに半音ずつ音が低くなっていくのだ。つまりこの写真にある11種類の尺八は、いちばん左が「二尺三寸管」でもっとも音が低く、いちばん右が「一尺三寸管」でもっとも音が高いということになる。なお尺八は、真竹の根っこに近い部分の7節分を使うのが一般的で、写真のように根の部分を残して造形される。

販売のほか演奏指導も行う「容山銘尺八」

撮影にご協力いただいたのは東京都豊島区で尺八の製造と販売を行う「容山銘尺八」。尺八を作るのは、この道40年以上という店主の引地容山さん。引地さんは尺八の演奏家でもあり、通常の演奏指導のほか、初心者向けに1回2000円から受けられる体験レッスンも行っておられます。尺八は民謡からジャズ、流行歌まで幅広く演奏できることに驚きました。お店の詳細はホームページ（http://www.yozan-hikichi.co.jp）をご覧ください。

素敵な「坪」の使い方

～ 今でも輝く昔の単位 ～

「坪」というのは「ひとつの辺を六尺（約1.818m）」とする正方形の面積を表す単位で、メートル法に換算すれば1坪はおよそ3.3㎡。古くから日本で使われてきた「尺貫法」の単位ですが、1958年（昭和33年）に日本が「メートル法」を正式に国の度量衡法と定めて以降、公式な文書などで使われることはなくなりました。ただ、今でも建築現場などで慣習的に使われていて、普通の人でも耳にする機会は多い単位のひとつでしょう。

ただやはり古い単位で、一般の人には馴染まないだろうなぁ――と思っていたのですが、なんとも素敵な「坪」を見つけました。

それが埼玉県飯能市にある株式会社サカモトが手がける「ひとつぼキャビン」シリーズです。

建具メーカーである同社が、何か新しいことにチャレンジしようと生み出したのが、このシリーズ。名前からもわかるように「一坪」というコンセプトをベースに現代感覚の「屋台」や「茶室」などを作り出しているのです。「ひとつぼ屋台」は、持ち運びができてすぐに組み立てられる簡便性がありながら、なんだか人が集いたくなる雰囲気がある。「ひとつぼ茶室」は、文字通り一坪の

写真左が「ひとつぼ屋台」で写真右が「ひとつぼ茶室」（写真提供：株式会社サカモト／撮影：赤井恒平）。株式会社サカモトが手がける「ひとつぼキャビン」シリーズの詳しい内容は「ひとつぼキャビン特設サイト」（http://hitotsubo-cabin.com/）でご覧ください。

茶室なのですが、こんな空間で膝を突き合わせたら、お互いの距離も縮まりそうではないですか。「一坪」と聞けば狭いところをイメージしますが、この「ひとつぼキャビン」は、なんだか自由で開放感すら感じるところが実にいい。きっとそれは、「一坪」という単位が持つ、絶妙なサイズゆえなのかなと思うのです。

一俵とは、俵ひとつ分を意味する単位で、お米の場合、通常四斗入りとされます。斗というのは、一升の10倍に相当しおよそ15kg。つまり米一俵というのは、およそ60kgになるわけです。このように定められたのは、明治期以降のことで、それ以前は、地域によってばらつきがあったのですが、この一俵を持ち上げることができたら一人前という考えが広くあったといいます。「一俵持てれば一人前」。昔の単位が、大きな意味を持っていたことを教えてくれます。

日本酒の瓶も「一升瓶」というから有り難みもあって、あれが「1.8リットル瓶」なんて名称になったら、なんだか味気ないですよね。

きっと昔の単位には、まだ私たちの暮らしを便利にするヒントがあるのではないかなと思うのです。

三尺

一尺

五寸

大輪錦冠先変化
小割浮模様
高さ 600m
開花 600m
重量 200kg
大玉
五号玉

「五寸」の花火は「約190m」上がる
「一尺」の花火は「約300m」上がる
「三尺」の花火は「約600m」上がる

夜空に舞い上がる打ち上げ花火は、玉のサイズが大きくなるほど、空高く上がる。写真の真ん中にある花火は「尺玉」と呼ばれるもので、その名の通り玉の直径が一尺（約30cm）で、およそ300m上空まで上がる。左隣の「五号玉」は、一尺の半分である五寸（約15cm）で、およそ190m上がる。いちばん大きな「三尺玉」の直径はその名の通り三尺（約90cm）で、こちらは600m上空まで上がる。この中に火薬を詰めるので、その重さも相当なもので、三尺玉の重量はなんと200kgにもなる。なお、現在もっとも大きな花火とされるのが、上空およそ700mまで上がる「四尺玉」で、埼玉県の鴻巣（こうのす）市や、新潟県小千谷（おぢや）市片貝町の花火大会で見ることができる。

花火の歴史や文化が学べる「両国花火資料館」

撮影にご協力いただいたのは東京都墨田区にある「両国花火資料館」。近くを流れる隅田川で行われる「隅田川花火大会」の歴史から、実際に使われる打ち上げ筒まで、様々な花火に関する資料を見ることができる。実際に間近で見る三尺玉などは本当に大きく、空高く花火が上がったときは、花火玉の大きさを想像するとより楽しめるような気がしました。入場無料ですので、隅田川散策の折に訪れてみてください。

百尺

（約 30.3m）

百尺観音の大きさは「およそ30.3m」

千葉県安房郡にある「鋸山(のこぎりやま) 日本寺」には「百尺観音」と呼ばれる、その名の通り高さ百尺の観音様がある。世界の戦争や交通事故で亡くなった方々を供養するために、1960年（昭和35年）から6年の歳月をかけて作られたもので、1966年にかつての石切場の跡に完成した。百尺とは、およそ30.3m。鋸山という山の山頂付近にあり、清らかな空気の中、その姿を拝むことができる。

絶景「地獄のぞき」

撮影にご協力いただいたのは千葉県安房郡鋸南町にある「鋸山 日本寺」。日本寺の境内は、鋸山の南斜面10万坪に及ぶ広大なもので、百尺観音像はその山頂付近にある。この百尺観音から少し歩いたところにあるのが山頂展望台。ここにある張り出した展望場、通称「地獄のぞき」からは、東京湾や房総半島、天気がよい日には富士山まで見渡すことができます。百尺観音もこの地獄のぞきも実に雄大で、「こんな場所が千葉県にあったのか」と驚きました。ぜひ足をお運びください。

「級」は「Q」の「当て字」

～ 本のデザイナーが使う数字 ～

本をデザインする現場では、独特の単位のいろんな数を使っています。本をより身近に感じてもらおうかと思い、そのいくつかをご紹介します。

まず文字の大きさは「Q」という単位の数で表します。日本で初めて写植システムを開発した「写研」という会社が、文字の最小単位を「1mmの4分の1の大きさ」と定めました。この4分の1というのは英語で「Quarter」と言いますから、この頭文字の「Q」をサイズの単位としたわけです。「Q」は今では「級」と表すほうが一般的かもしれませんが、これは音が同じなので当てはめた「当て字」というわけなんですね。ちなみにこの本の本文の大きさは「14Q」、コラム原稿のタイトル文字の大きさは「22Q」など、だいたい4、5種類の文字の大きさが使われています。

「字送り」と呼ばれる文字の頭から次の文字の頭までの長さと、「行送り」と呼ばれる行と行との間の距離は「歯」という単位で表されます。この「歯」とは文字盤を歯車で動かしていたときの名残で1歯は0.25mm。つまり歯とQは同サイズに

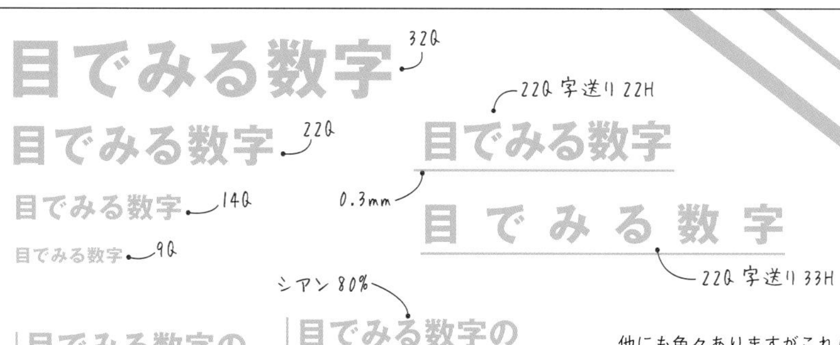

なっているのです。ちなみに「歯」は「H」と表記されることもあります。また文字間のアキを調節する「字詰め」は「ベタ」「八分」「四分」などと表し、これらの数値を操作して見やすく文章をレイアウトしていくのです。この字詰めなどは一度気になりだすとすごく目がいくもので、妙に開いている文字列を見るとなんだか落ち着かず、きれいに詰まった字の並びを見ると安心するのです。

色も数字で指定されます。印刷物の色は「減法混色」というシアン（C）、マゼンタ（M）、イエロー（Y）という3色を混ぜ合わせる方法と、黒（K）で表現されます。本来はCMY 3色ですべての色が表現できるはずなのですが、黒色はうまく出ないので、Kを加えて4色となります。カラーページのことを「4色ページ」と呼んだりするのはそのためです。そして緑ならシアンとイエローを混ぜる「C 100 × Y 100」とか、紫ならマゼンタとシアンを混ぜる「M 100 × C 100」といったように記号と数字の組み合わせで指定するわけですね。なお「マゼンタ＝レッド」「シアン＝ブルー」

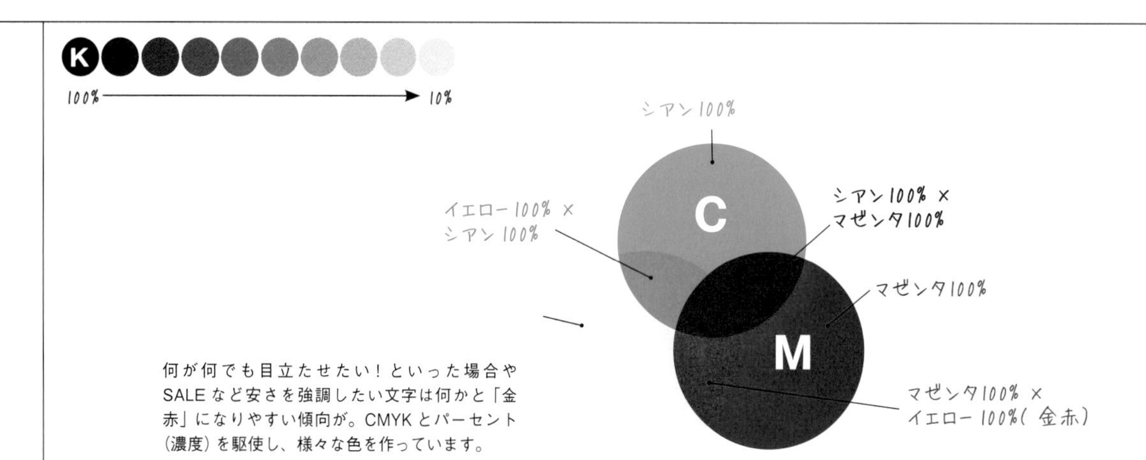

何が何でも目立たせたい！といった場合やSALEなど安さを強調したい文字は何かと「金赤」になりやすい傾向が。CMYKとパーセント（濃度）を駆使し、様々な色を作っています。

といった記述を見かけたりもしますが、これはちょっと間違い。マゼンタもレッドも「赤い色」で、シアンもブルーも「青い色」ではありますが、マゼンタとレッドも、シアンとブルーも異なる色。あくまでマゼンタとシアンとイエローを混ぜ合わせることで、印刷物に使う色を表現しているのです。

この色の指定で、とりわけ広く知られているのが「M 100 × Y 100」ではないでしょうか。これを「金赤」と呼んだりします。とにかく目立つ赤として知られていますが、このように同じ赤でも、イエローを混ぜたり、シアンを混ぜたり、ときには黒を混ぜたりと、デザイナーさんは、そのページにふさわしい色をいつも考えてくれているのです。本書のシリーズを支えてくださっているのはデザイナーのサトウミユキさん。いつもありがとう！

目でみる数字

Part

しらべる数字

$$\frac{1}{100000}$$

四つ葉のクローバーの確率は「10万分の1」

シロツメクサの葉っぱは通常「三つ葉」だが、まれに「四つ葉」のものがある。これが見つけると幸せになれるとされる「四つ葉のクローバー」だが、一般的に10万分の1の確率で発生するとされている。この四つ葉ができるメカニズムについて一説には、外的ストレスなどの環境的要因とされ、人に踏まれやすい場所ほど見つかりやすいという。なお、四つ葉だけでなく、五つ葉、六つ葉、七つ葉、八つ葉……もあり、ギネス記録は56葉というから驚きである。

四つ葉のクローバーの見つけ方

今回、きれいな四つ葉を発見しようと、私と娘で「四つ葉を見つけ隊」を結成。あちこちで探してみました。当初、踏まれる場所が見つけやすいという話を知って、それらしきところを探すも、あまり発見できず。ただ「ひとつ見つけると同じ場所に多い」という新たに得た情報は信憑性があるような気がして、１本見つけると、近くに複数本見つけることができました。ただ、なかなかきれいなものを見つけられず、ついに撮影も終盤に。山出カメラマンとの最後の撮影の日「なんとか今日見つけよう！」と気合いをいれたところ写真の美しい１本を娘が発見してくれたのでした。信じるものは救われるのです。

6 等分

円いピザを「6等分」にする方法とは？

①

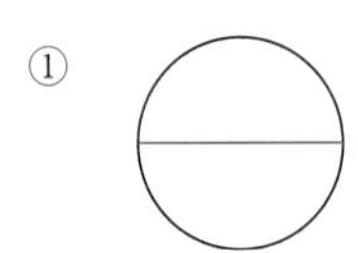

②

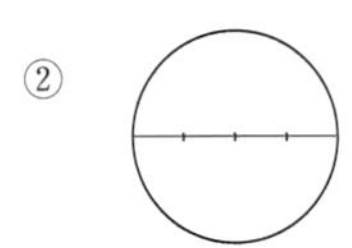

③

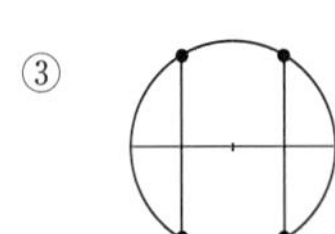

④

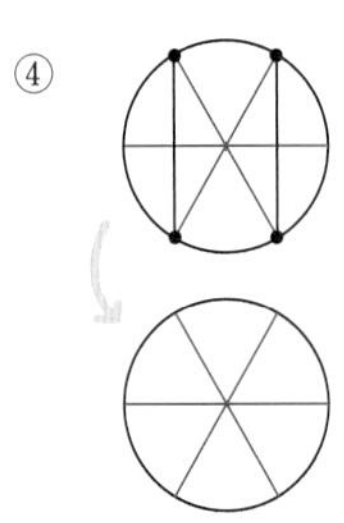

円いピザを6等分するひとつの方法は、以下のようになる。①ピザを半分に切る。②半分に切った線（直径）を4等分する。③円の中心から左半分と右半分のちょうど中間地点において直角に交差する線をイメージして、円の外周と交わったところに印をつける。④円の外周状に4つの印ができたら、円の中心でバッテンを描くように切れ目を入れる――。これで6等分されるわけだ。これは直角三角形において、長さが2の斜辺と、長さが1の底辺の間の角度は60度になるという三角比を用いた手法である。

専用の薪窯で焼き上げるピザが美味しい「202」

撮影にご協力いただいたのは東京都世田谷区経堂にある「202（ニーマルニ）」。発酵に4日かけた生地を専用の薪窯で焼き上げたピザは、カリッとした歯ざわりとモチモチした食感がなんとも心地いい。「ピザは6等分して出します。4等分だと大きいし、8等分だと小さいので6がちょうどいいんです」とは店主の森山さん。写真のピザは4種類のチーズを使った「クワトロフォルマッジ」。ピザだけでなく、ワインに合う一品料理も手の込んだ美味しいものばかり。ワインバーとしても利用できる名店です。

なぜインコの名前に28？

～ 名前に付けられた数字の秘密 ～

名前に数字が入っているケースには、長男だから「一郎」、次男だから「二郎」といったシンプルな理由だけでなく、ちょっと変わった由来も少なくありません。

一昔前、数字が付く名前として、もっとも有名だったのは、海軍の軍人で連合艦隊司令長官も務めた山本五十六（いそろく）ではないでしょうか。いろんな数字の名前はあれども「56」というのはとても珍しいのですが、この名前は、五十六が生まれたときの父親の年齢に由来しているといいます。

阪急グループの創業者で宝塚歌劇団の創設者としても名高い小林一三は、彼の誕生日である１月３日に由来しています。『上を向いて歩こう』などのヒット曲で知られる歌手の故・坂本九。芸名は「きゅう」と読みますが、本名は「九」と書いて「ひさし」と読み、これは父にとって９番目の子どもだったことに由来するそうです。

社名に数字がついている会社も少なくありません。東海道新幹線の車窓から見える「727」という野立て看板が広く知られている同社は、大阪に本社がある「セブンツーセブン」という化粧品会社。この727という数字は、創業社長の誕生日だ

数字が付いている店名というのも結構ありまして「6分の1」のピザの撮影にご協力いただいた「202」は、この物件がもともと202号室だったことに由来しています。私がときおり足を運ぶ三軒茶屋のBAR「524」は店主の誕生日にちなんでいるのですが、そういえばBARには数字の店名が多いような気がします。試しに「67」とか「92」なんて無さそうな数とBARを一緒に検索するとちゃんとあるんですね。もしかしたら「1」という店から「100」という店まですべて実在するのかもしれません。

といいます。大阪の「豚まん」で名高い「551 HORAI」の551は、創業当時の電話番号。「いすゞ自動車」も伊勢神宮を流れる「五十鈴川」に由来しており、これも数字の名前のひとつといえるでしょうか。

動物の異名に数字が付くケースもあります。

魚の鯉は、別名「六六魚」（「ろくろくぎょ」あるいは「りくりくぎょ」と読む）というのをご存知でしょうか。これは鯉の鱗（うろこ）は首から尾に至るまで36枚あることに由来するのだとか。実際、鱗が36の個体が多いというので、ぜひ一度、どこかで数えてみたいと思います。今回、名前に数が付いているものをいろいろ調べたなかで、もっとも面白かったのが、マキエゴシキインコのひとつの亜種である「28インコ」という名前。これはなんとその鳴き声が「twenty-eight」に聞こえることに由来するといいます。どうもオーストラリアのパース近郊で見られるようなので、訪れる機会があればぜひ聞いてみたいと思うのでした。

1 : 1

手をいっぱいに広げた長さと身長はほぼ「1：1」

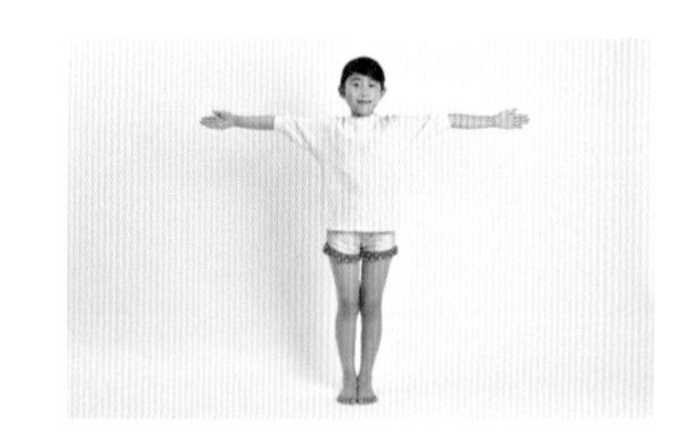

定規などが普及していなかった時代には、人間の身体がその代わりを担っていた。たとえば、大人の握りこぶしの横幅は「束（つか）」といわれ、矢の長さなどは「六束」や「八束」など、この束という単位で表された。大人が手をいっぱいに広げた長さは「尋（ひろ）」と呼ばれる、古代の中国でも使われていた単位。一尋は六尺、およそ1.8mとされ、水深などを表すのに用いられたという。この手をいっぱいに広げた長さは、一般にその人の身長の長さとほぼ同じといわれている。熊本県の小学生が、夏休みの自由研究にこの話の真偽を幼児から60歳の人までの141人からデータを採取して調べたところ、幼児は身長のほうが長く、大人は手を広げたほうが長くなる傾向にあることがわかったという。

「上腕」と「足の裏」の長さもだいたい同じ

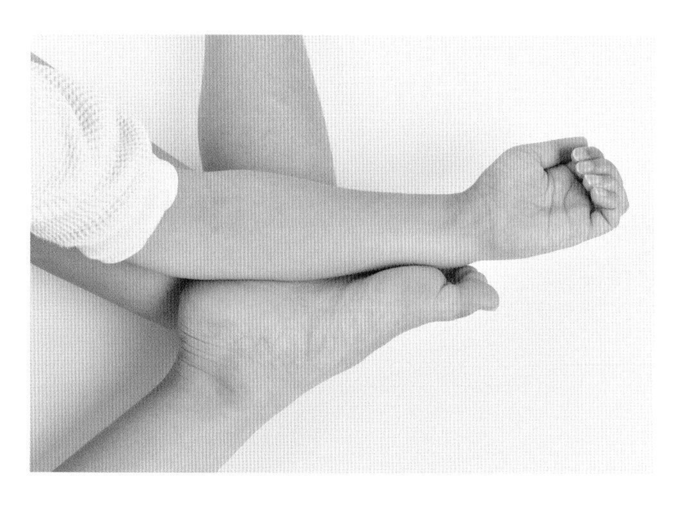

身体の長さの不思議のひとつに、肘から手首までの上腕の長さと足の裏の長さがほぼ同じというのがある。また、手の平の付け根から中指の先までの長さは、親指と中指の間を大きく開いた長さとほぼ同じ。首回りの長さを２倍するとウエストの長さとほぼ同じ――など、様々な長さにまつわる不思議がある。もちろん個人差はありますが、わりと「本当だ！」と驚くケースが多いので、ぜひ一度、測ってみてください。

300

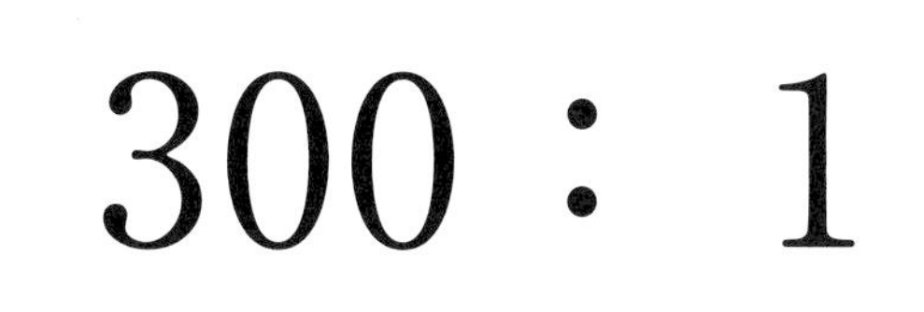
300 : 1

1

花粉と
コロナウイルスの
サイズ比は「300：1」

「花粉症」で多くの人を悩ませるスギなどの花粉の大きさはおよそ30μm（マイクロメートル／1μmは0.001mm）。一方、コロナウイルスの大きさは、およそ0.1μmであるので、両者のサイズ比は300：1となる。この比率は、花粉を直径100cmの子どもプールだとすれば、コロナウイルスはそのプールに浮かぶ葉っぱに乗っているテントウムシの点ひとつ分（およそ3.3mm）となる。これほど大きさが違うので、花粉を防ぐために作られたマスクでは、とてもコロナウイルスの侵入を防ぐことはできないのだ。

「1人」しかいない横断歩道

写真左は、東京駅前の交差点。写真右は東京銀座の交差点です。どちらも山出カメラマンが東京に緊急事態宣言が出されていたときに撮影したものですが、普段の日常であれば絶対に撮れないものだと思います。東京駅前の横断歩道に1人——。新型コロナウイルスはいろんな数字を生み出しましたが、これもそんな数のひとつでしょう。

306g
232g

103g
175g
593g
216g
251g

「地上で育つ野菜」は浮き、「地中で育つ野菜」は沈む。

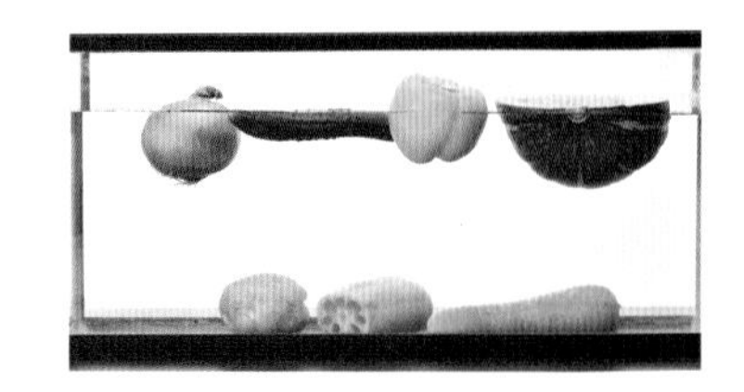

写真はいろんな野菜を水に入れたものだが、いちばん重いカボチャは浮くのに、その半分の重さもないジャガイモ、レンコン、ニンジンは沈んでいる。このように浮き沈みを決めるのは、重さではなく密度。水の密度は約1.00g/cm³で、これより高密度なものは沈み、低密度なものは浮くのだ。野菜においてこの密度を決めるひとつの指針となるのが、地上で実るのか、地中で実るのか。地中で実るものは、土に押されて育つので中に空気が溜まりづらく密度が高くなるものが多い。この写真で沈んでいるジャガイモ、レンコン、ニンジンはどれも地中で育っている。一方、地上で育つものは密度が低く、カボチャやスイカなどは重いけれども水に浮く。ただし例外もあり、タマネギなどは地中で育つけれど水には浮く。

薄く切ってもニンジンは沈む？

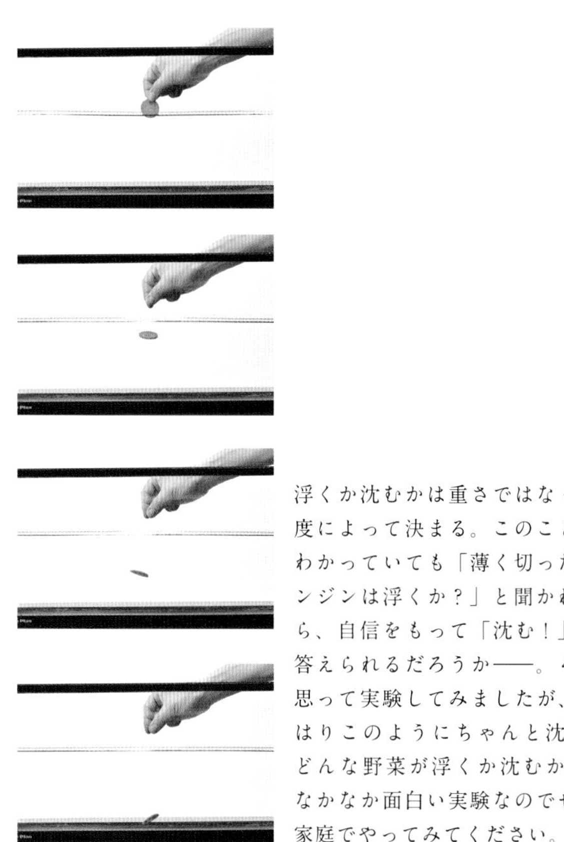

浮くか沈むかは重さではなく密度によって決まる。このことをわかっていても「薄く切ったニンジンは浮くか？」と聞かれたら、自信をもって「沈む！」と答えられるだろうか——。そう思って実験してみましたが、やはりこのようにちゃんと沈む。どんな野菜が浮くか沈むかは、なかなか面白い実験なのでぜひ家庭でやってみてください。

油
FitScan
OFF
89g
ON
ZERO

ウイスキー
FitScan
OFF
93g
ON
ZERO

水
FitScan
OFF
100g
ON
ZERO

牛乳
FitScan
OFF
101g
ON
ZERO

オレンジ
ジュース
FitScan
OFF
103g
ON
ZERO

しょう油
FitScan
OFF
115g
ON
ZERO

かき氷
シロップ
FitScan
OFF
120g
ON
ZERO

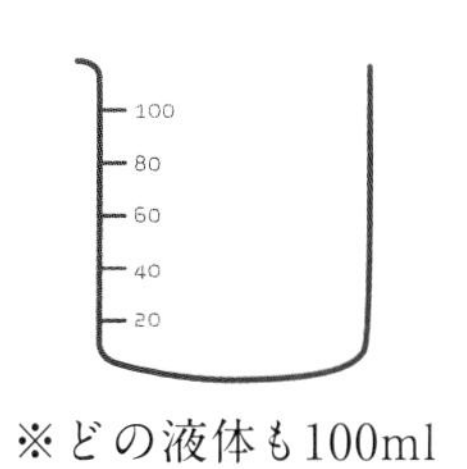
100
80
60
40
20

※どの液体も100ml

同じ量の液体でも重さは異なる

日常生活において、液体の種類によって重いとか軽いなどと意識することはあまりないだろう。しかし同じ100mlでその重さを量ってみたところ、油89g、ウイスキー93g、水100g、牛乳101g、オレンジジュース103g、しょう油115g、かき氷シロップ120gと大きな差があった。こういった差が生じるのは、それぞれの液体の密度が違うため。同じ容量であっても、たとえばたくさん砂糖が溶けていれば「密度が大きくなり」重くなるのだ。水を基準に考えれば、水より軽いものは水に浮き、水より重いものは水に沈む。水に異なる液体を入れる幼少期の経験に、カルピス原液などの甘い液体が水に沈んだというものがある。そんな経験があるので、水に入れるものは沈むとつい考えがちだが、ウイスキーは浮かぶのだ。つまりカルピスを作るのと、ウイスキーの水割りを作るのとでは、水に沈んだものを混ぜるのと、水に浮かんでいるものを混ぜるという違いがあるわけだ。

水とアルコールを混ぜると容量は減る。はず？

水とアルコールでは、その細かな構造（分子構造）が異なるため、２つの液体を混ぜると容量が減るとされる。これは水の大きな分子構造の間に、アルコールが入り込むためなのだが、今回、手近な100mlのビーカーに、水とウイスキーを入れて足してみたところ、残念ながら200ml。これは量が少ないのと、目分量で量っているためでしょう。水１リットルと、ウイスキー１リットルで水割りを作る機会がもしあったら（ないか。そんなの）本当に２リットルより少なくなるか量ってみてくださいね。

使い捨てカイロは使うと重くなる

～ ちょっと意外な数の話 ～

使い捨てカイロは使うと重くなる。

こんな話をご存知でしょうか。使い捨てカイロというのは、鉄粉が酸素に触れて酸化することで熱を帯びます。この酸化という現象は、単純にいえば「酸素がくっつくこと」。このため酸化した鉄粉は重くなるので、使用して熱くなったカイロも重たくなる——。という話を知ったので、実際に量ってみたのですが、使用前に46gだったカイロは、開封して24時間後に量ると54gになっているのです。まさか使ったカイロがここまで重くなるとは、今まで考えたこともありませんでした。こういったちょっと意外な数の話は、まだまだあります。

碁石の数は、白と黒で違う。

白い石と、黒い石を交互に打って、互いの陣地を取り合う囲碁は、白い石が180個、黒い石が181個の合計361個でワンセットとされています。なぜ数が違うのか。これは碁盤のマス目が19×19の361と奇数なので、先に始める黒の碁石が多いのです。なお、白と黒の碁石の大きさは、白い石のほうが若干小さく作られています。これは白が膨張色で実際のサイズよりも大きく見えるからなんですね。

「五七五」ではない俳句がある。

意外な数の話として「『比』の画数は４」をご紹介しておきましょう。「比」という漢字は、左のヘンの部分で３画、右のツクリの部分で２画の合計５画と考える人が多いことでしょう。しかしこれは活字がそう見えるだけであって、左のヘンも右のツクリも同じ２画で、合計４画というのが正しい答え。たしかに実際に手で書くときは、ヘンの部分も２画で書くような気もします。どうですか？

俳句といえば、五・七・五と決まっているものかと思いきや、数が多い「字余り」のものや、数が足りない「字足らず」の俳句もよくあるのです。

《旅に病んで 夢は枯れ野を かけ廻る》松尾芭蕉

こちらは「字余り」の名句の一例。冒頭の《旅に病んで》が字余りですが、おぉ、なんかいいですね。

《虹が出る ああ鼻先に 軍艦》秋元不死男

こちらは「字足らず」の一例で、末尾の《軍艦》が４文字ですが、これもなんかいい。これからは「字余り」「字足らず」の俳句を積極的に鑑賞したい心持ちになりました。

「指切りげんまん」の「げんまん」は拳骨で１万回殴るという意味。

驚きました。知らなかった。本当でしょうか。子どもたちが可愛い声で「♪ゆーびきーりげんまん」と歌っているその歌詞に、こんなバイオレンスな意味が込められていたなんて。ただ辞書（『大辞林』）で「げんまん」という項目を調べると《約束を守るしるしとして、互いに小指をからませること。〔背いた時は、こぶしで万回打たれてもよい、の意という〕》とあるので、本当なのです。今まであの歌の後段の「針千本飲ます」ばかりに意識が取られていましたが、そのうえ拳骨で１万回も殴られるとは——。

嘘をつくのはやめましょう。

60℃

80℃

90℃

100℃

水を熱すると60℃くらいから小さな泡が出る。泡がたくさん出るのは90℃くらいから。

水は100℃で沸騰する――。このことは知っていても常温の水を熱して、温度の上昇に応じてどのように状態が変化するか観察したことがある人は少ないのではないだろうか。鍋に水を入れ火にかけてみると、最初に変化が見えるのはおよそ60℃で小さな泡が見え始める。そこから80℃くらいまではさほど変化しないが、90℃を超えると1℃ごとに泡が大きく増えるなど、その様子は大きく変わる。細かい泡がたくさん出るのは95℃あたりから。そして100℃になるとぐつぐつと大きな泡が出る。そしてやはり100℃以上にはならない。ちなみに平地（海水面と標高が大きく変わらない場所）では約100℃で水は沸騰するが、1気圧に満たない高地では、100℃未満で沸騰する。

泡がどんどん大きくなる 96℃から99℃

96℃

97℃

98℃

99℃

もっとも水の姿が変化するのが95℃から100℃の間。泡の形がどんどん大きくなり、その様相はどんどん変わる。なお、紅茶を淹れるには、沸騰した100℃のお湯よりも、その直前の95℃あたりのほうが空気を多く含み美味しくなるという。その見極めは、小さな泡がたくさん出てきたときで、泡が大きくなっては火を通しすぎなのだ。

40度

愛宕神社の
出世の石段は
「40度」

直角が90度で、その半分が45度。そう考えると「40度」というのは、さほどの角度ではないようにも思うが、写真の目もくらむような石段の角度が「40度（実測してみた値。段によってバラつきあり）」である。この石段は、東京都港区にある「愛宕神社」のもので、通称「出世の石段」と呼ばれている。江戸時代、徳川三代将軍の家光公がこの愛宕神社に立ち寄った折、この石段の上に見える梅が実に見事だった。家光公が「誰か馬であの梅をとって参れ」と命じたところ、多くの家臣が自信なさげに目を伏せるなか、さっそうと馬に乗り、見事、梅を持って下りてきたのが、四国丸亀藩の家臣・曲垣平九郎。家光公も知らない無名の家臣だったが、これ以降「日本一の馬術の名人」としてその名を全国に轟かせたことから「出世の石段」と名付けられたという。なお、この石段を馬で上り下りすることには、明治以降も何人かの人間が挑戦して成功していて、1982年（昭和57年）には『史実に挑戦』というテレビ番組で、あるスタントマンが挑戦し、見事成功したという。

愛宕山は東京23区内の自然の山で最高峰

撮影にご協力いただいたのは東京都港区にある「愛宕神社」。この神社がある愛宕山は、標高25.7mで、これは東京23区内にある自然の山で最高峰。現在では周辺に高層ビルが立ち並ぶが、江戸時代には「見晴らしの名所」として賑わい、東京湾や房総半島まで見渡せたという。全部で86段の石段は気合いを入れれば、ものの数分で上れますが、上り終えて改めて見下ろす景色は実に爽快。ぜひ、出世を願い上ってみてください。

22%

22%
SUNTORY
COFFEE
BOSS COFFEE
赤ちゃん・こども
クリニック
高田
2-18
文
町のクリニック目白
高田
2-12
文
高
2-1

目白にある「のぞき坂」の傾斜は「22%」

道路の坂が、どれくらい上っているか、あるいは下っているかを示す指標は「%」で示される。これは水平方向に100m進んだとき、垂直方向に何m上がっている（あるいは下がっている）かを示しており、写真の黄色い標識で22%と示された東京都豊島区目白にある「のぞき坂」の場合、100m進む間に22m上っている。その角度は、水平に10cmと垂直に2.2cmの直角三角形を描いて実際に測っても算出することができるが、およそ12.4度となる。ちなみに鉄道の線路の傾斜を示すのは「パーミル」という単位で、パーセントの下の丸がひとつ多い「‰」で表す。パーミル「25」であるならば、水平方向に1000m進んだとき25m上っている（あるいは下っている）ことを示している。

名坂が作り出す美しい三叉路

22%の標識がある「のぞき坂」は、車が通れる坂としては東京都内でも屈指の急坂で、この坂上のある豊島区の目白通り一帯には名坂が数多いことで知られている。こちらの写真は「のぞき坂」からほど近いところにある「日無坂（ひなし）」と「富士見坂」が織りなす三叉路。実に美しく個人的な東京百景に推したい眺めでした。

7.26kg　　7.26kg

NISHI
IAAF
CERTIFIED PRODUCT
2017
No 22930
IAAF
CERTIFIED PRODUCT

一般男子用「ハンマー」の重さは「7.26kg」

一般男子用「砲丸」の重さは「7.26kg」

陸上の投てき種目である砲丸投げの砲丸と、ハンマー投げのハンマーは、どちらも一般男子が7.26kgで一般女子が4.0kgと同じ重さである。同じ重さであっても、砲丸よりもハンマーのほうが小さいのは、その重さにハンドルとワイヤーの部分が含まれるためだけでなく、形が小さいほうが遠くに遠心力が働き飛距離が伸びやすいためである。このようにハンマーを小さく造るため、その素材には、鉄や鉛にくらべて比重が高いタングステンが混ぜられている。一方、砲丸は手で直接持って投げるために、滑り止めが馴染みやすい鋳鉄（ちゅうてつ）という鉄合金が用いられている。

陸上競技用器具専門メーカー「株式会社ニシ・スポーツ」

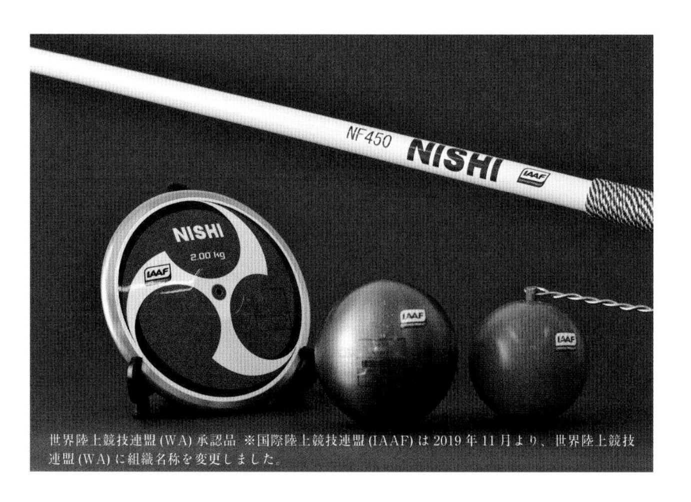

世界陸上競技連盟（WA）承認品 ※国際陸上競技連盟（IAAF）は2019年11月より、世界陸上競技連盟（WA）に組織名称を変更しました。

撮影にご協力いただいたのは東京都江東区にある陸上競技用器具専門メーカーの「株式会社ニシ・スポーツ」。投てき種目で使用する投てき用具は、主催者が用意し、陸上競技場に設置されたもののなかから競技者が自由に選んで競技に挑む。つまり複数回ある試技のたびに砲丸・ハンマーを変えてもいいし、良い記録を出した選手と同じものを選んで使ってもいいわけだ。このため「ニシ・スポーツの製品で金メダル獲得！」と報じるために、同社では社員の方がスタジアムにて目視で確認しているという。「砲丸は違いがわかりづらいので、ベテラン社員でも苦労するんですよ（笑）」とのこと。投てき競技、知れば知るほどに面白いのです。

1
4000 秒

2秒

シャッタースピード「2秒」だと
噴水の水は流れて見える。

シャッタースピード「$\frac{1}{4000}$秒」だと
噴水の水は止まって見える。

写真撮影に必要な光の量は、絞りとシャッタースピードによって調整する。絞りとは、簡単にいえば、光が通る穴の大きさのこと。穴を大きく広げればたくさん光が入り、穴が小さければ光は少ししか入らない。シャッタースピードは、文字通りシャッターを切る速さのこと。速ければ速いほど、肉眼ではわからないほどの瞬間を写し取ることができるが、その分、光が入らないので絞りを大きくする必要がある。一方はシャッタースピード4000分の１秒と速く、もう一方はシャッタースピード２秒と遅くして噴水を撮影すると、前者では水が止まっているように写るのに対して、後者は流れているように写る。

光の量だけでなく ピントが合って見える範囲も 調整する「絞り」

F4

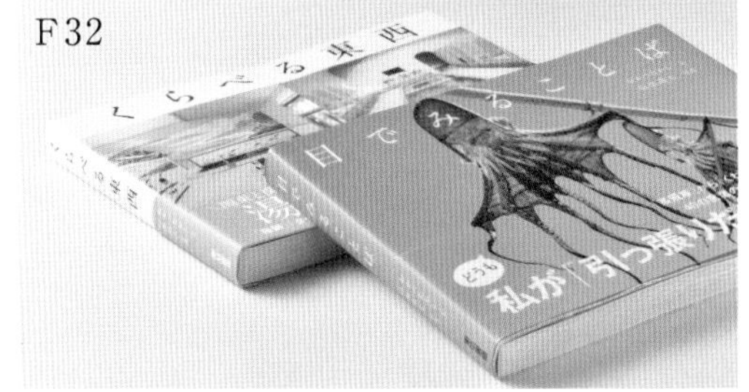

F32

シャッタースピードとともに光の量を調整する「絞り」は、ピントが合って見える範囲も調整している。絞りの値は「焦点の」という意味の英語「focal」の頭文字「F」とともに表し、写真上が「F４」、写真下が「F32」となる。絞りの数値が少なくなるほど、ピントが合っている箇所が浮き上がるような効果がでるため人物のポートレート写真などに使われる。一方、絞りの数値が大きくなると、ピントが合って見える範囲が広くなるため、カタログの商品写真などしっかりと被写体の姿を紹介したいときなどに用いられる。

虫の声は電話で聞くことができない

～ 数に関する不思議な話 ～

カレーのルウの箱に書いてある「作り方」には《いったん火を止めてからルウを入れてください》とあります。でもルウを入れるときはもう弱火だし、わざわざ火を消してもたいして変わらないんじゃないのと、火がついたままの鍋に入れていました。しかし、ある日ふと気になって「なぜ火を消さねばならぬのか」と調べてみると《煮えている鍋にルウを入れると、中に含まれている小麦粉が膜を作って溶けにくくなりますが、火を止めると鍋の温度はすぐ90度くらいまで下がるのでその心配がありません》ということがわかりました。

ほんの少しの差で、大きな違いが生じるというこの話。なかなか面白くこういった話は他にないかと探してみたところ「虫の声は電話で伝えることができない」ということを知りました。

人間が聞くことができる音は、およそ20Hz（ヘルツ）から２万Hzの間ですが、電話で聞くことができる音は300Hzから3400Hzの間に設定されているそうです。なんでもこうすることで、より人の声が聞こえやすくなるようで、たとえば電車のホームから電話をすると、ホームにいる人はベルの音などでうるさいのに、電話口にいる人は人

『どんな数にも物語がある 驚きと発見の数学』（アレックス・ベロス・著／ソフトバンククリエイティブ）という本で紹介されていたのですが、赤ちゃんの写真を偶数と一緒に見せると「女の子だ」と答える人が多く、奇数と一緒に見せると「男の子だ」と答える人が多い――と不思議な話を知りました。写真は私の息子が赤ちゃんのときの写真ですが、偶数と一緒だと女の子に見えますか？

の声だけがよく聞こえている――といったことが起こるのです。そして虫の声は総じて4000Hz以上のため、電話では伝えることができないのです。

なんだかミステリ小説のアリバイ崩しに使えそうな話ですが、深夜の公園に集まる若者を撃退しようと、高周波音を流すのもこれと似た理屈によるものです。人は年齢を重ねると、聞き取ることができる音域が狭くなるので、若者だけが聞くことができる不快な音を発することで、若者を深夜の公園から立ち退かせよう――。蚊の飛ぶ音に似ていることから「モスキート音」と呼ばれる方法ですが、もう40代半ばを超えた私には聞くことができないのかなと思っていたらなんと「耳年齢チェック」というアプリがありました。これはモスキート音を、8000Hzから1万7000Hzの間の音域で発生させることで、自分の耳年齢を計測するというもので、私も50歳以下なら聞けるはずという1万2000Hzなら聞くことができました。否応なく現実の年齢を突きつけられますが、なかなか面白いもの。一度、聞いてみてください。

3時間　7時間　12時間

金鳥「蚊取り線香」レギュラーサイズの燃焼時間は7時間ほど

金鳥の「蚊取り線香」が誕生したのは1890年（明治23年）のこと。このときは、仏壇の線香のように棒状で、40分ほどで燃え尽きたという。ただこれでは睡眠時などに使いにくいため、長時間の燃焼に耐えうる形を模索していた折、創業者の妻が庭で蛇がとぐろを巻く姿を見た。ここからヒントを得る形で渦巻き型の蚊取り線香が生まれたという。現在、1時間でおよそ10cm燃えるので、レギュラーサイズはおよそ7時間、ミニサイズはおよそ3時間、大型サイズはおよそ12時間の燃焼時間となる。なお、渦巻き型の蚊取り線香で、左巻きなのは金鳥だけ。これは、手で巻いていたときは右利きの人が作業をしやすいようにと右巻きだったが、機械で打ち抜くようになったとき他社との差別化をしたためだという。

金鳥という商標名は「鶏口となるも牛後となる勿れ」に由来

金鳥の蚊取り線香といえば、鶏の絵がデザインされたものがすっかりおなじみだが、この「金鳥」という商標名は司馬遷によって書かれた『史記』のなかの《鶏口となるも牛後となる勿れ》（大きな集団の尻尾であるよりは、小さな集団であっても頭〔リーダー〕であれ）という一節に由来している。金鳥の創業者である上山英一郎は、この一節を自身の信条にしていたという。

徒歩

1分

「徒歩1分」は
およそ80m

不動産広告における「徒歩1分」とは、80mの距離に相当すると定められている。これは健康な女性がハイヒールを履いて歩いた速度から計算されたもので、その距離を一目で見るならば、写真の東京都江東区にある「小名木川クローバー橋」の端から端までの長さとなる。なお不動産表示における徒歩時間は、スーパーなどの大きな敷地を有する場所であれば、その出入口ではなく、その敷地に達するところまでで計算する。また、信号待ちなどは時間にカウントしないので、信号が多いルートであれば、実際にはより時間がかかることになる。

車1分は「400m」

不動産広告に記載される距離は、徒歩1分が80mであるのに対して、車1分は400mと定められている。この400mを「徒歩1分」と同じように橋で見るならば、写真の全長406mとなる多摩川に架かる「丸子橋」が相応しいだろう。Googleマップの「経路検索」を使って、目的地までの時間を検索する人も多いでしょうが、そのとき表示される徒歩の時間もおよそ、この1分＝80mで計算されているようです。知っておくとなかなか便利な数字ですよ。

文・岡部敬史

とても小さな新型コロナウイルスが、世界を大きく変えてしまいました。

この本は、2019年の9月から撮影を始めたので、本を作り始めたときと、作り終えた今とでは、世界の状況は大きく変わっています。「三密」「ソーシャルディスタンス」など、それまでの世界ではまったく耳にしなかったことばが、今では日常の行動指針になっています。この本は2020年3月、東京に緊急事態宣言が出されたことを受けて、しばらく制作を中止していました。日々、自粛生活を送っていたとき「本が求められている」という話を聞いて勇気が出ました。本書は「不要不急」なものかもしれませんが、多くの人が不安な日々を送るなか、こういった本も求めてくれているのではないか――といった思いは、もっとこの本をよりよいものにしたいという原動力となりました。こうして完成した本書が、シリーズのなかでも屈指の出来栄えだと思えるのは、あの生活のなかで、この企画とじっくり向き合えたことが大きく関わっていると感じているのです。そう考えると人生に無駄な時間はないのかもしれません。

最後に御礼を。取材にご協力いただいた方々には、発売時期が大きく遅れるなどしてご心配をおかけしました。改めて感謝の気持ちをお伝えしたく思います。シリーズを通してずっとともに歩んでくださるカメラマンの山出高士さん、デザイナーのサトウミユキさんにも大いなる感謝を。あと小学校が休みだったこともあり、たくさん撮影のお手伝いをしてくれた我が娘にも大きな感謝を送ります。

写真・山出高士

本書「くらべる数字」は前作「くらべる京都」と並行して取材が始まった。『司令塔』はいつも通り、編集・執筆の岡部さんで、次々と撮影シーンが提案される。それを私、山出が『阿吽の呼吸』でズンズン画像化していければ『烏の行水』のごとくあっという間に本が完成するのだが、そう簡単に『けりを付ける』ことはできない。担当編集者の東京書籍、藤田さんも『鷹揚』とは待ってくれず、『狸寝入り』を決め込むわけにも行かない。

毎回、取材や本作りには、方向性を決める基礎となるものが現れるのだが、本書では取材当初にとてもよく撮れた「ハリセンボン」がその『礎』となった。制作チーム内の『紅一点』デザイナーのサトウミユキさんが、面白くデザインしてくれたことも重要なポイントだった。『拍車が掛かった』岡部、山出の両タカシは、伊豆方面、千葉方面と『順風満帆』の取材旅行を進めるが『途轍もない』ことが起きる、コロナウイルスの感染拡大だ。取材を予定していた施設は軒並み自粛で入れず、我々は取材協力先、つまり『タニマチ』的存在を失ってしまった。とはいえ『くわばらくわばら』と怯えていては『埒が明かない』。『浮き足立つ』ことなく少しずつ積み上げ『七転び八起き』の末、本書を完成させることができた。写真担当者の自分から『贔屓』目に見てもよい作品になりました。取材に協力して頂いた皆様ありがとうございました。

なお、このあとがきの二重括弧内のことばは、語源を扱った本シリーズの元祖「目でみることば」シリーズ3作に詳しく解説と写真がありますので、合わせてお楽しみ下さい。面白さ『折り紙つき』です。

撮影協力　＊敬称略

愛宕神社

おかべかなこ

開運山 壽寶寺

株式会社 小宮商店

株式会社 サカモト

株式会社 ニシ・スポーツ

株式会社 丸喜運輸

株式会社 リーブルテック

KINCHO

工藤詩織

テルモ株式会社

Tokyo Cat Specialists

NATURAL

202

日本寺

容山銘尺八

両国花火資料館

主要参考文献

『お寺の仏像イラスト図鑑』
（さとう有作・イラスト／メイツ出版）

『親指姫』
（大塚勇三 編・訳／福音館文庫）

『算数おもしろ大事典』
（株式会社学習研究社）

『数学通になる本』
（中宮寺薫・著／オーエス出版）

『図解よくわかる測り方の事典』
（星田直彦・著／角川新書）

『はっぱ』
（林将之・監修／STUDIO CELLO）

『ビーカーくんのゆかいな化学実験』
（うえたに夫婦・著／誠文堂新光社）

『目で見てわかる身近な単位』
（ガリレオ工房・監修／子供の科学編集部・編／誠文堂新光社）

『わけがわかる中学理科』
（学研プラス）

岡部敬史
（おかべたかし）

1972年京都府生まれ。早稲田大学第一文学部卒。出版社勤務後、ライター・著述家・編集者として活動。著書に『くらべる東西』『目でみることば』『似ていることば』(東京書籍)、『将棋「初段になれるかな」会議』(扶桑社)、『風雲児たちガイドブック解体新書』(リイド社) などがある。個人ブログ「おかべたかしの編集記」。連絡はこちらのメール (spoonbooks-to@yahoo.co.jp) までお願いします。

山出高士
（やまでたかし）

1970年三重県生まれ。梅田雅揚氏に師事後、1995年よりフリーランスカメラマン。『散歩の達人』(交通新聞社)などの雑誌媒体のほか「川崎大師」のポスターも手がける。2007年より小さなスタジオ「ガマスタ」を構え活動中。著書に『くらべる東西』『目でみることば』『似ていることば』(東京書籍) などがある。『人生が変わる！ 特選 昆虫料理50』(木谷美咲、内山昭一・著／山と溪谷社)、『もにゅキャラ巡礼』(楠見清、南信長・著／扶桑社) でも写真を担当。

目でみる数字
2020年 8月 3日　第1刷　発行
2023年10月10日　第2刷　発行

岡部敬史・文
山出高士・写真

発行者　渡辺能理夫
発行所　東京書籍株式会社
〒114-8524 東京都北区堀船2-17-1
03-5390-7531（営業）
03-5390-7500（編集）

デザイン　サトウミユキ（keekuu design labo）
編集協力　（有）SPOON BOOKS

印刷・製本　株式会社リーブルテック

ISBN978-4-487-81336-0 C0040

出版情報　https://www.tokyo-shoseki.co.jp
乱丁・落丁の場合はお取り替えいたします。